国家基本职业培训包（指南包 课程包）

砌 筑 工

（试行）

人力资源社会保障部职业能力建设司编制

中国劳动社会保障出版社

图书在版编目（CIP）数据

砌筑工：试行 / 人力资源社会保障部职业能力建设司编制. -- 北京：中国劳动社会保障出版社，2020

国家基本职业培训包：指南包　课程包

ISBN 978 - 7 - 5167 - 4536 - 6

Ⅰ.①砌…　Ⅱ.①人…　Ⅲ.①砌筑 - 职业培训 - 教学参考资料　Ⅳ.①TU754.1

中国版本图书馆 CIP 数据核字（2020）第 089567 号

中国劳动社会保障出版社出版发行

（北京市惠新东街 1 号　邮政编码：100029）

*

北京市艺辉印刷有限公司印刷装订　新华书店经销

880 毫米 ×1230 毫米　16 开本　7.75 印张　137 千字

2020 年 6 月第 1 版　　2020 年 6 月第 1 次印刷

定价：25.00 元

读者服务部电话：（010）64929211/84209101/64921644

营销中心电话：（010）64962347

出版社网址：http://www.class.com.cn

编 制 说 明

为贯彻落实《中华人民共和国国民经济和社会发展第十三个五年规划纲要》提出的“实行国家基本职业培训包制度”的要求，大力推行终身职业技能培训制度，推进实施职业技能提升行动，按照《人力资源社会保障部办公厅关于推进职业培训包工作的通知》(人社厅发〔2016〕162号)的工作安排，“十三五”期间，组织开发培训需求量大的100个左右国家基本职业培训包，指导开发100个左右地方（行业）特色职业培训包，到“十三五”末，力争全面建立国家基本职业培训包制度，普遍应用职业培训包开展各类职业培训。

职业培训包开发工作是新时期职业培训领域的一项重要基础性工作，旨在形成以综合职业能力培养为核心、以技能水平评价为导向，实现职业培训全过程管理的职业技能培训体系，这对于进一步提高培训质量，加强职业培训规范化、科学化管理，促进职业培训与就业需求的有效衔接，推行终身职业培训制度具有积极的作用。

国家基本职业培训包是集培养目标、培训要求、培训内容、课程规范、考核大纲、教学资源等为一体的职业培训资源总和，是职业培训机构对劳动者开展政府补贴职业培训服务的工作规范和指南。国家基本职业培训包由指南包、课程包和资源包三个子包构成，三个子包各含有相应培训内容与教学资源。

在征求各地培训需求的基础上，经调研论证，人力资源社会保障部组织有关行业专家编制了首批中式烹调师等10个职业（工种）的国家基本职业培训包（指南包 课程包），并于2017年10月印发施行。

在首批中式烹调师等10个职业（工种）国家基本职业培训包编制的基础上，2018年11月，人力资源社会保障部继续组织有关行业专家开展第二批电工等15个职业（工种）的国家基本职业培训包（指南包 课程包）的编制工作。

此次编制的电工等15个职业（工种）的国家基本职业培训包遵循《职业培训包开发技术规程（试行）》的要求，依据国家职业技能标准和企业岗位技术规范，结合新经济、新产业、新职业发展编制，力求客观反映现阶段本职业（工种）的技术水平、对从业人员的要求和职业培训教学规律。

《国家基本职业培训包（指南包 课程包）——砌筑工（试行）》是在各有关专家的共同努力下完成的。参加编写的主要人员有张国华、王梁英、徐震、王华飞、赵祺、高艳涛、叶节霖，参加审定的主要人员有项建国、金波、钱正海、毛文娟、杨立业、李立富，在编制过程中得到了浙江建设技师学院、浙江省建工集团有限责任公司、浙江建设职业技术学院等有关单位的大力支持，在此一并致谢。

国家基本职业培训包编审委员会

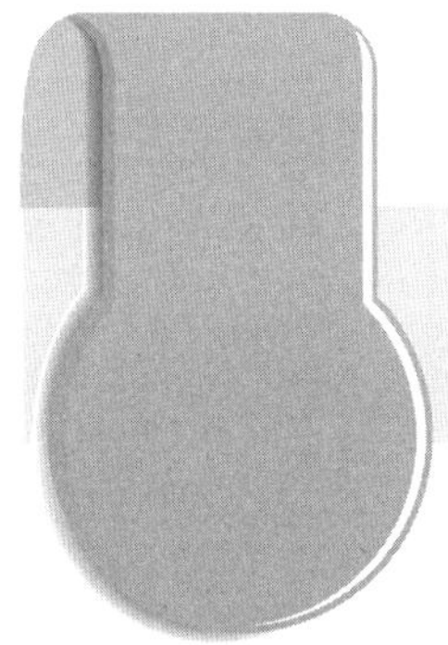

目 录

1 指 南 包

2 课 程 包

附录 培训要求与课程规范对照表

1

指南包

1.1 职业培训包使用指南

1.1.1 职业培训包结构与内容

砌筑工职业培训包由指南包、课程包、资料包三个子包构成，结构如下图所示。

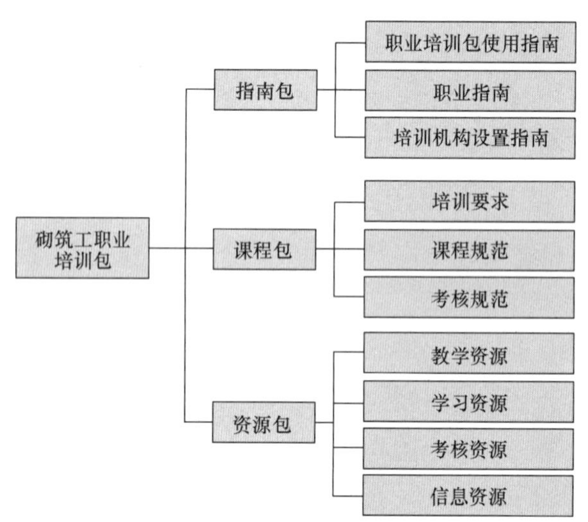

职业培训包结构图

指南包是指导培训机构、培训老师与学员开展职业培训的服务性内容总和，包括职业培训包使用指南、职业指南和培训机构设置指南。职业培训包使用指南是培训教师与学员了解职业培训包内容、选择培训课程、使用培训资源的说明性文本；职业指南是对职业信息的概述；培训机构设置指南是对培训机构开展职业培训提出的具体要求。

课程包是培训机构与教师实施职业培训、培训学员接受职业培训必须遵守的规范总合，包括培训要求、课程规范、考核规范。培训要求是参照国家职业技能标准、结合职业岗位工作实际需求制定的职业培训规范；课程规范是依据培训要求、结合职业培训教学规律，对课程设置、课堂学时、课程内容与培训方法等所做的统一规定；考核规范是针对课程规范中所规定的课程内容开发的，能够科学评价培训学员过程性学习效果与终结性培训结果的规则，是客观衡量培训学员职业基本素质与职业技能水平的标准，也是实施职业培训过程性与终结性考核的依据。

资源包是依据课程包要求，基于培训学员特征，遵循职业培训教学规律，应用先进职业培训课程理念，开发的多媒介、多形式的职业培训与考核资源总合，包括教学资源、学习资源、考核资源和信息资源。教学资源是为培训教师组织实施职业培训教学活动提供的相关资源；学习资源是为培训学员学习职业培训课程提供的相关资源；考核资源是为培训机构和教师实施职业培训考核提供的相关资源；信息资源是为培训教师和学员拓展视野提供的体现科技进步、职业发展的相关动态资源。

1.1.2 培训课程体系介绍

砌筑工职业培训课程体系依据职业技能等级分为职业基本素质培训课程、五级/初级职业技能培训课程、四级/中级职业技能培训课程和三级/高级职业技能培训课程，每一类课程包含模块、课程和学习单元三个层级。砌筑工职业培训课程体系均源自本职业培训包课程包中的课程规范，以学习单元为基础，形成职业层次清晰、内容丰富的“培训课程超市”。

砌筑工职业培训课程学时分配一览表

职业技能等级	课堂学时		其他学时	培训总学时
	职业基本素质培训课程	职业技能培训课程		
五级/初级	40	120	80	240
四级/中级	30	130	40	200
三级/高级	20	70	30	120

注：课堂学时是指培训机构开展的理论课程教学及实操课程教学的建议最低学时数。除课堂学时外，培训总学时还应包括岗位实习、现场观摩、自学自练等其他学时。

（1）职业基本素质培训课程

模块	课程	学习单元	课堂学时
1. 职业认知与职业道德	1-1 职业认知	（1）职业认知	1
	1-2 职业道德基本知识	（1）职业道德与职业守则	2
2. 基础知识	2-1 识图与构造知识	（1）识图与构造知识	15
	2-2 砌筑材料知识	（1）砌筑材料知识	10
	2-3 砌筑工具、设备知识	（1）砌筑工具、设备知识	7
	2-4 安全生产和环境保护知识	（1）安全生产和环境保护知识	4
	2-5 相关法律法规知识	（1）相关法律法规知识	1
课堂学时合计			40

注：本表所列为五级/初级职业基本素质培训课程，其他等级职业基本素质培训课程按“砌筑工职业培训课程学时分配一览表”中相应的课堂学时要求进行必要的调整。

（2）五级 / 初级职业技能培训课程

模块	课程	学习单元	课堂学时
1. 砌筑砂浆拌制与使用	1-1　砌筑砂浆配料	（1）砌筑砂浆材料质量的鉴别	2
		（2）砌筑砂浆配合比的设计	1
		（3）计量器具的使用	1
	1-2　砌筑砂浆搅拌	（1）砌筑砂浆的投料及搅拌	1
		（2）砌筑砂浆的搅拌方法	1
	1-3　砌筑砂浆使用	（1）砌筑砂浆的储存与使用要求	1
		（2）砌筑砂浆的技术性能	2
2. 砌砖	2-1　砖基础砌筑	（1）砌筑砖基础材料	1
		（2）砌筑砖基础工具	1
		（3）垫层的修正	2
		（4）中间墙的砌筑	4
		（5）基础墙的砌筑	6
		（6）防潮层的做法	2
	2-2　实心砖、多孔砖砖墙砌筑	（1）实心砖、多孔砖墙墙身、留槎、接槎的砌筑	4
		（2）门窗洞口的砌筑	4
		（3）楼层墙的砌筑	4
		（4）构造柱的砌筑	4
	2-3　空斗墙砌筑	（1）空斗墙的砌筑	6
		（2）空斗墙交接部位的砌筑	2
		（3）空斗墙门窗洞、墙顶、墙柱连接的砌筑	2
	2-4　空心砖墙砌筑	（1）空心砖的材料及构造	1
		（2）空心砖墙身的砌筑	4
		（3）空心墙交接部位的砌筑	4
		（4）空心墙门窗、墙顶、墙柱连接的砌筑	1
3. 砌石	3-1　毛石基础砌筑	（1）毛石的材料及构造	1
		（2）筑角石的砌筑	2
		（3）拉结石的砌筑	2
		（4）正墙的砌筑	2
		（5）毛石基础的砌筑	3
		（6）收退基础的砌筑	1
	3-2　毛石墙砌筑	（1）毛石墙的组砌形式与构造	1
		（2）毛石墙的砌筑	4
		（3）组合墙的砌筑	2
		（4）挡土墙的砌筑	2

续表

模块	课程	学习单元	课堂学时
4. 小型砌块砌筑	4-1　混凝土小型砌块砌筑	（1）混凝土小型砌块材料	1
		（2）混凝土小型砌块的铺灰、灌孔	1
		（3）混凝土小型砌块墙身的砌筑	4
		（4）混凝土小型砌块交接部位的砌筑	1
		（5）混凝土小型砌块填充墙的砌筑	2
		（6）混凝土小型砌块构造柱的砌筑	2
		（7）芯柱的砌筑	1
	4-2　加气混凝土小砌块、粉煤灰砌块砌筑	（1）加气混凝土小砌块、粉煤灰砌块材料	1
		（2）加气混凝土小砌块、粉煤灰砌块的铺灰、灌缝、镶砖	1
		（3）加气混凝土小砌块、粉煤灰砌块墙身的砌筑	4
		（4）加气混凝土小砌块、粉煤灰砌块交接部位的砌筑	1
		（5）加气混凝土小砌块、粉煤灰砌块填充墙的砌筑	2
		（6）加气混凝土小砌块、粉煤灰砌块构造柱的砌筑	2
5. 屋面瓦铺挂	5-1　平瓦屋面铺筑	（1）平瓦的选择	1
		（2）平瓦屋面的构造	1
		（3）摆平瓦	2
		（4）挂平瓦	2
		（5）平瓦屋面的铺筑	2
	5-2　小青瓦屋面铺筑	（1）小青瓦的选择	1
		（2）小青瓦屋面的构造	1
		（3）摆小青瓦	2
		（4）挂小青瓦	2
		（5）小青瓦屋面的铺筑	2
课堂学时合计			120

（3）四级 / 中级职业技能培训课程

模块	课程	学习单元	课堂学时
1. 砌砖	1–1 砖基础砌筑	（1）砖基础的组砌形式	1
		（2）砖基础放样	1
		（3）砖基础摆砖撂底	1
		（4）砖基础盘角与收退	1
	1–2 实心砖、多孔砖墙砌筑	（1）实心砖、多孔砖墙组砌形式和接头方式	1
		（2）实心砖、多孔砖墙放样	1
		（3）实心砖、多孔砖墙盘角挂线	1
		（4）实心砖、多孔砖墙摆砖撂底	1
		（5）实心砖、多孔砖墙勾缝	1
	1–3 砖柱砌筑	（1）砖柱基本构造及组砌形式	1
		（2）砌筑独立砖柱、扶壁柱	2
	1–4 砖过梁砌筑	（1）砌筑平拱式过梁	2
		（2）砌筑弧拱式过梁	2
		（3）砌筑平砌式过梁	2
	1–5 空斗墙砌筑	（1）空斗墙基本知识	1
		（2）砌筑空斗墙	2
	1–6 空心砖墙砌筑	（1）空心砖墙基本构造及组砌形式	1
		（2）空心砖墙摆砖撂底	2
	1–7 筒拱砌筑	（1）筒拱的放线	2
		（2）砌筑筒拱支模、拆模	
		（3）筒拱基本形式构造及组砌形式	1
	1–8 异形砖墙砌筑	（1）砌筑异形砖墙	2
		（2）砌筑多角形砖墙	2
		（3）砌筑弧形砖缝	2

续表

模块	课程	学习单元	课堂学时
2. 砌石	2-1　粗料石基础砌筑	（1）粗料石基础基本构造及组砌形式	1
		（2）粗料石基础放样	1
		（3）砌筑粗料石基础	3
	2-2　粗料石墙砌筑	（1）粗料石墙基本形式、构造及组砌形式	1
		（2）粗料石墙砌筑	3
	2-3　粗料石柱砌筑	（1）粗料石柱基本形式、构造及组砌形式	2
		（2）砌筑粗料石柱	3
	2-4　粗料石过梁砌筑	（1）砌筑平拱式粗料石过梁	6
		（2）砌筑圆拱式粗料石过梁	6
3. 小型砌块砌筑	3-1　混凝土小型砌块砌筑	（1）混凝土小型砌块墙基本知识	3
		（2）砌筑混凝土小型砌块	6
	3-2　加气混凝土小砌块、粉煤砌块砌筑	（1）加气混凝土小砌块、粉煤灰石块基本知识	4
		（2）砌筑加气混凝土小砌块、粉煤灰砌块	6
4. 配筋砌体砌筑	4-1　组合砖砌体砌筑	（1）组合砖砌体构造及组砌形式	3
		（2）砌筑组合砖砌体	6
	4-2　网状配筋砖砌体砌筑	（1）网状配筋砖砌体基本形式、构造及组砌形式	3
		（2）砌筑网状配筋砖砌体	6
	4-3　配筋小砌块砌体砌筑	（1）配筋小砌块砌体基本形式、构造及组砌形式	2
		（2）砌筑配筋小砌块砌体	6
5. 屋面瓦铺挂	5-1　平瓦屋面铺筑	（1）平瓦屋面细部构造及适用范围	3
		（2）铺筑平瓦屋面细部构造	6
	5-2　小青瓦屋面铺筑	（1）小青瓦屋面细部构造及适用范围	3
		（2）铺筑小青瓦屋面细部构造	6
	5-3　筒瓦屋面铺筑	（1）筒瓦屋面细部构造、适用范围及摆筒瓦	2
		（2）铺筑筒瓦屋面细部构造	6
课堂学时			130

（4）三级 / 高级职业技能培训课程

模块	课程	学习单元	课堂学时
1. 砌砖	1-1　砖墙砌筑	（1）构造柱边的处理	4
		（2）梁底和板底砖的处理	4
		（3）封山的砌筑	4
		（4）出檐的砌筑	4
	1-2　清水墙砌筑	（1）清水墙一般知识	1
		（2）清水墙的摆砖撂底	3
		（3）清水墙的盘角挂线	4
		（4）清水墙的砌筑	4
		（5）清水墙勾缝	4
	1-3　筒拱砌筑	（1）单曲筒拱的砌筑	2
		（2）双曲筒拱的砌筑	2
		（3）窗台和窗间墙的砌筑	2
	1-4　花饰墙砌筑	（1）花饰墙砌筑的准备工作	2
		（2）花饰墙的组砌与偏差调整	2
		（3）花饰墙的勾缝	2
2. 砌石	2-1　细料石柱砌筑	（1）细料石柱的砌筑	1
	2-2　细料石墙砌筑	（1）细料石墙的砌筑	1
3. 炉灶砌筑	3-1　炉灶基础砌筑	（1）炉灶基础砌筑准备工作	1
		（2）炉灶基础的砌筑	1
	3-2　炉灶墙身砌筑	（1）炉灶墙身组砌形式	1
		（2）炉灶墙特殊部位的处理	1
4. 班组管理	4-1　生产计划	（1）砌筑班组周（旬）生产计划的编制与实施	1
	4-2　开展技术活动	（1）班组砌筑施工技术交底	1
		（2）班组施工记录的填写和收集	1
	4-3　质量管理	（1）砌体结构的质量管理	1
		（2）砌筑成品保护措施的制定	1
		（3）班组自检和互检	1
		（4）砌筑成品缺陷的加固修复	1
	4-4　安全施工	（1）砌筑施工安全交底	1
		（2）砌筑施工安全检查与验收	1
	4-5　工料与经济核算	（1）班组施工用料台账的记录	1
		（2）班组用工和考勤制度的制定	1
		（3）班组成本核算	1
5. 教育培训	5-1　技能培训	（1）实操指导	2
		（2）编制技能培训计划	2
	5-2　理论培训	（1）理论培训	2
		（2）编制理论培训计划	2
课堂学时			70

1.1.3 培训课程选择指导

职业基本素质培训课程为必修课程，相当于本职业的入门课程。各级别职业技能培训课程由培训机构教师根据培训学员实际情况，遵循高级别涵盖低级别的原则进行选择。

原则上，初入职的培训学员应学习职业基本素质培训课程和初级职业技能培训课程的全部内容，有职业技能等级提升需求的培训学员，可按照《国家职业技能标准》的“鉴定要求”，对照自身需求选择更高等级的培训课程。

具有一定从业经验、无职业技能等级晋升要求的培训学员，可根据自身实际情况自主选择本职业培训课程。具体方法为：（1）选择课程模块；（2）在模块中筛选课程；（3）在课程中筛选学习单元；（4）组合成本次培训的整个课程。

培训教师可以根据以上方法对培训学员进行单独指导。对于订单培训，培训教师可以按照如上方法，对照订单要求进行培训课程的选择。

1.2 职业指南

1.2.1 职业描述

砌筑工是使用砂浆或其他黏合材料，将砖、石、砌块砌成各种形式的砌体和屋面挂瓦的人员。

1.2.2 职业培训对象

砌筑工职业培训的对象主要包括：城乡未继续升学的应届初高中毕业生、农村转移就业劳动者、城镇登记失业人员、转岗转业人员，退役军人、企业在职职工和高校毕业生等各类有培训需求的人员。

1.2.3 就业前景

砌筑工的工作岗位有：砌筑四级 / 中级工、泥工班组长等，还可以视情况晋升为现场经理、技术总监、项目经理等。

1.3 培训机构设置指南

1.3.1 师资配备要求

（1）培训教师任职基本条件

培训五级 / 初级、四级 / 中级、三级 / 高级砌筑工的教师应具备本职业二级 / 技师职业资格证书技师技能等级认证或相关专业技术职务任职资格。

（2）培训教师数量要求（以 30 人培训班为基准）

1）理论课教师：1 人以上；培训规模超过 30 人的，按教师与学员之比不低于 1∶30 配备教师。

2）实习指导教师：1 人以上；培训规模超过 30 人的，按教师与学员之比不低于 1∶30 配备教师。

1.3.2 培训场所设备配置要求

培训场所设备配置要求如下（以 30 人培训班为基准）：

（1）理论知识培训场所设备配置要求：70 ~ 80 m^2 标准教室，多媒体教学设备（计算机、投影仪、幕布或显示屏、网络接入设备、音响设备）、黑板、30 套以上桌椅，符合照明、通风、安全等相关规定。

（2）操作技能培训场所设备配置要求：砌筑工五级 / 初级、四级 / 中级技能实训场所的实训设备数量和工具配件须同时满足 30 人 / 班进行实训教学；三级 / 高级技能实训场所的实训设备数量和工具配件须同时满足 24 人 / 班进行实训教学。砌筑工操作技能实训场所使用面积应根据师生的健康安全要求和教学内容确定。以模拟仿真设备为主的，人均使用面积不低于 7 m^2；以真实生产设备为主的，人均使用面积不低于 9 m^2，各职业技能等级培训实训设备配备见下表。

砌筑工职业技能实训室实训设备配置标准

序号	用具设备及其他物品、材料	数量或规格说明	等级		
			初级	中级	高级
1	砖刀	30 把	√	√	√
2	菱形铲	30 把			√
3	桃型铲	30 把		√	√
4	卷尺	30 把	√	√	√
5	1.2 m 水平尺	30 把	√	√	√
6	1.5 m 铝合金杆	30 根	√	√	√
7	木工铅笔	30 支	√	√	√
8	美工刀	15 把	√	√	√
9	泥桶	30 个	√	√	√
10	平缝勾缝刀	30 把			√
11	凹平缝勾缝刀	30 把		√	√
12	圆缝勾缝刀	30 把			√
13	皮数杆	30 副	√	√	√
14	扫把	30 把	√	√	√
15	铁锹	30 把	√	√	√
16	1.5 m × 1.5 m 大钢桶	15 个	√	√	√
17	水桶	15 个	√	√	√
18	拉线	5 m × 0.7 mm 弹线　3 卷	√	√	√
19	刨锛	30 把	√	√	√
20	手提切割机	15 台			√
21	细沙	5 m^3	√	√	√
22	石灰	50 kg 重　30 袋	√	√	√
23	耐火泥	50 kg 重　10 袋	√	√	√
24	砂浆王	25 kg 重　2 袋	√	√	√
25	240 mm × 115 mm × 53 mm 标准砖	6 000 块	√	√	√
26	翻斗车	5 辆	√	√	√
27	搅拌机	2 台	√	√	√
28	板车	5 台	√	√	√
29	垃圾桶	40 个	√	√	√
30	抹布	50 条	√	√	√
31	文件夹	50 个	√	√	√
32	除锈剂	5 瓶	√	√	√
33	网筛	1 个	√	√	√

1.3.3 教学资料配备要求

（1）培训规范：《砌筑工国家职业技能标准》《砌筑工职业基本素质培训要求》《砌筑工职业技能培训要求》《砌筑工职业基本素质培训课程规范》《砌筑工职业技能培训课程规范》《砌筑工职业基本素质培训考核规范》《砌筑工职业基本技能培训理论知识考核规范》《砌筑工职业技能培训操作技能考核规范》。

（2）教学资源、教材教辅、网络资源内容必须符合“（1）培训规范”。

1.3.4 管理人员配备要求

（1）专职校长：1人，应具有大专及以上文化程度，四级/中级及以上专业技术职务任职资格，从事职业技术教育及教学管理5年以上，熟悉职业培训的有关法律法规。

（2）教学管理人员：1人以上，专职不少于1人；应具有大专及以上文化程度、四级/中级及以上专业技术职务任职资格，从事职业技术教育及教学管理5年以上，具有丰富的教学管理经验。

（3）办公室人员：1人以上，应具有大专及以上文化程度。

（4）财务管理人员：2人，应具有大专及以上文化程度。

1.3.5 管理制度要求

应建立健全完备的管理制度，包括办学章程与发展规划、教学管理、教师管理、学员管理、财务管理、设备管理等制度。

2

课程包

2.1 培训要求

2.1.1 职业基本素质培训要求

职业基本素质模块	培训内容	培训细目
1. 职业认知与职业道德	1-1 职业认知	（1）建筑行业简介 （2）砌筑工的认知
	1-2 职业道德基本知识	（1）职业道德 （2）职业守则
2. 基础知识	2-1 识图与构造知识	（1）一般建筑工程施工图的识读 （2）砌筑工程各部位构造的一般知识 （3）砌筑工程抗震设防构造的一般知识 （4）砌筑工程受力的一般知识
	2-2 砌筑材料知识	（1）砌筑工程常用材料的种类、性能 （2）砌筑工程常用材料的识别 （3）砌筑工程常用材料的质量要求 （4）常用砌筑材料的使用方法
	2-3 砌筑工具、设备知识	（1）砌筑工具、设备的种类、性能 （2）常用砌筑工具、设备的使用与维护方法
	2-4 安全生产和环境保护知识	（1）劳动保护知识 （2）砌筑工程安全技术操作要求 （3）绿色施工知识 （4）成品保护知识
	2-5 相关法律法规知识	（1）相关法律知识 （2）相关法规知识

2.1.2 五级 / 初级职业技能培训要求

职业功能模块	培训内容	技能目标	培训细目
1. 砌筑砂浆拌制与使用	1-1 砌筑砂浆配料	1-1-1 能鉴别材料质量	（1）水泥质量的鉴别 （2）砂子质量的鉴别 （3）塑化材料质量的鉴别
		1-1-2 能按配合比计量并控制误差	（1）砌筑砂浆配合比的计量 （2）计量器具的使用
	1-2 砌筑砂浆搅拌	1-2-1 能按顺序投料	（1）按顺序投料
		1-2-2 能按规定时间搅拌	（1）砌筑砂浆搅拌时间的控制
		1-2-3 能按要求进行搅拌	（1）砌筑砂浆搅拌方法的选择
	1-3 砌筑砂浆使用	1-3-1 能控制使用时间	（1）砌筑砂浆使用时间的控制
		1-3-2 能判别砂浆和易性与流动性	（1）砂浆和易性的判别 （2）砂浆流动性的判别
2. 砌砖	2-1 砖基础砌筑	2-1-1 能准备材料、选用工具	（1）按要求准备砖 （2）按要求选用工具
		2-1-2 能修正垫层	（1）基础找平
		2-1-3 能砌筑中间墙	（1）中间墙的砌筑
		2-1-4 能砌筑基础墙	（1）基础墙的砌筑
		2-1-5 能做防潮层	（1）防潮层的做法
	2-2 实心砖、多孔砖砖墙砌筑	2-2-1 能砌筑实心砖、多孔砖墙墙身、留槎、接槎	（1）实心砖墙墙身的砌筑 （2）实心砖墙留槎的砌筑 （3）实心砖墙接槎的砌筑 （4）多孔砖墙墙身的砌筑 （5）多孔砖墙留槎的砌筑 （6）多孔砖墙接槎的砌筑
		2-2-2 能砌筑门窗洞口	（1）门窗洞口的砌筑
		2-2-3 能砌筑楼层墙	（1）楼层墙的砌筑
		2-2-4 能砌筑构造柱大马牙槎，设置拉结筋	（1）拉结筋的设置 （2）构造柱的砌筑
	2-3 空斗墙砌筑	2-3-1 能砌筑空斗墙	（1）空斗墙的砌筑
		2-3-2 能砌筑空斗墙交接部位、门窗洞、墙顶、墙柱连接	（1）空斗墙交接部位的砌筑 （2）空斗墙门窗洞、墙顶、墙柱连接的砌筑
	2-4 空心砖墙砌筑	2-4-1 能砌筑空心砖墙身	（1）空心砖墙身的砌筑
		2-4-2 能砌筑空心砖墙交接部位、门窗、墙顶、墙柱连接	（1）空心墙交接部位的砌筑 （2）空心墙门窗、墙顶、墙柱连接的砌筑

续表

职业功能模块	培训内容	技能目标	培训细目
3. 砌石	3-1　毛石基础砌筑	3-1-1　能砌筑筑角石、拉结石与正墙	（1）筑角石的砌筑 （2）拉结石的砌筑 （3）正墙的砌筑
		3-1-2　能收退基础	（1）毛石基础的砌筑 （2）收退基础的砌筑
	3-2　毛石墙砌筑	3-2-1　能砌筑组合墙	（1）毛石墙的砌筑 （2）组合墙的砌筑
		3-2-2　能砌筑挡土墙	（1）挡土墙的砌筑
4. 小型砌块砌筑	4-1　混凝土小型砌块砌筑	4-1-1　能铺灰、灌孔	（1）混凝土小型砌块材料的选择 （2）混凝土小型砌块的铺灰、灌孔
		4-1-2　能砌筑混凝土小型砌块墙身、交接部位、填充墙	（1）混凝土小型砌块墙身的砌筑 （2）混凝土小型砌块交接部位的砌筑 （3）混凝土小型砌块填充墙的砌筑
		4-1-3　能砌筑混凝土小型砌块构造柱大马牙槎，设置拉结筋或钢筋网片	（1）拉结筋或钢筋网片的设置 （2）混凝土小型砌块构造柱大马牙槎的砌筑
		4-1-4　能砌筑芯柱	（1）芯柱的砌筑
	4-2　加气混凝土小砌块、粉煤灰砌块砌筑	4-2-1　能铺灰、灌缝、镶砖	（1）加气混凝土小砌块、粉煤灰砌块材料的选择 （2）加气混凝土小砌块、粉煤灰砌块的铺灰、灌缝、镶砖
		4-2-2　能砌筑墙身、交接部位、填充墙	（1）加气混凝土小砌块、粉煤灰砌块墙身的砌筑 （2）加气混凝土小砌块、粉煤灰砌块交接部位的砌筑 （3）加气混凝土小砌块、粉煤灰砌块填充墙的砌筑
		4-2-3　能砌筑构造柱大马牙槎，正确设置拉结筋或钢筋网片	（1）拉结筋或钢筋网片的设置 （2）加气混凝土小砌块、粉煤灰砌块构造柱的砌筑

续表

职业功能模块	培训内容	技能目标	培训细目
5. 屋面瓦铺挂	5-1 平瓦屋面铺筑	5-1-1 能选平瓦	（1）平瓦的选择
		5-1-2 能摆平瓦、挂平瓦	（1）摆平瓦 （2）挂平瓦
		5-1-3 能铺屋面平瓦	（1）平瓦屋面的铺筑
	5-2 小青瓦屋面铺筑	5-2-1 能选小青瓦	（1）小青瓦的选择
		5-2-2 能摆小青瓦、挂小青瓦	（1）摆小青瓦 （2）挂小青瓦
		5-2-3 能铺屋面小青瓦	（1）小青瓦屋面的铺筑

2.1.3 四级 / 中级职业技能培训要求

职业功能模块	培训内容	技能目标	培训细目
1. 砌砖	1-1 砖基础砌筑	1-1-1 能确定砖基础的组砌形式	（1）砖基础组砌形式的确定
		1-1-2 能砖基础弹线	（1）砖基础定位放线
		1-1-3 能立砖基础皮数杆	（1）立砖基础皮数杆
		1-1-4 能进行砖基础摆砖撂底	（1）砖基础摆砖 （2）砖基础撂底
		1-1-5 能进行砖基础盘角与收退	（1）砖基础盘角 （2）砖基础收退
	1-2 实心砖、多孔砖墙砌筑	1-2-1 能确定实心砖、多孔砖墙组砌形式	（1）实心砖墙组砌形式的确定 （2）多孔砖墙组砌形式的确定 （3）实心砖墙接头方式的确定 （4）多孔砖墙接头方式的确定
		1-2-2 能进行实心砖、多孔砖墙抄平放线	（1）实心砖墙定位放线 （2）多孔砖墙定位放线
		1-2-3 能立实心砖、多孔砖墙皮数杆	（1）立实心砖墙皮数杆 （2）立多孔砖墙立数杆
		1-2-4 能进行实心砖、多孔砖墙盘角挂线	（1）实心砖墙盘角 （2）多孔砖墙盘角 （3）实心砖挂线 （4）多孔砖墙挂线

续表

职业功能模块	培训内容	技能目标	培训细目
1. 砌砖	1-2 实心砖、多孔砖墙砌筑	1-2-5 能进行实心砖、多孔砖墙摆砖撂底	（1）实心砖墙摆砖 （2）多孔砖墙摆砖 （3）实心砖墙撂底 （4）多孔砖墙撂底
		1-2-6 能进行实心砖、多孔砖墙勾缝	（1）实心砖墙勾缝形式的确定 （2）多孔砖墙勾缝形式的确定 （3）实心砖墙勾缝操作 （4）多孔砖墙勾缝操作
	1-3 砖柱砌筑	1-3-1 能确定独立砖柱与扶壁柱组砌形式	（1）独立砖柱组砌形式的确定 （2）扶壁柱组砌形式的确定
		1-3-2 能砌筑方形、矩形、圆形、多边形独立砖柱	（1）砖块现场加工制作 （2）方形独立砖柱的砌筑 （3）矩形独立砖柱的砌筑 （4）圆形独立砖柱的砌筑 （5）多边形独立砖柱的砌筑
		1-3-3 能砌筑扶壁柱	（1）扶壁柱的砌筑 （2）扶壁柱连墙处的砌筑
	1-4 砖过梁砌筑	1-4-1 能砌筑平拱式过梁	（1）平拱式过梁形式的确定 （2）平拱式过梁的砌筑
		1-4-2 能砌筑弧拱式过梁	（1）弧拱式过梁形式的确定 （2）弧拱式过梁的砌筑
		1-4-3 能砌筑平砌式过梁	（1）平砌式过梁形式的确定 （2）平砌式过梁的砌筑
	1-5 空斗墙砌筑	1-5-1 能确定空斗墙组砌形式	（1）空斗墙构造形式的确定 （2）空斗墙的组砌形式的确定
		1-5-2 能区分空斗墙适用范围	（1）空斗墙适用范围的确定
		1-5-3 能确定空斗墙实砌部位	（1）空斗墙实砌部位的确定
		1-5-4 能进行空斗墙摆砖撂底	（1）空斗墙摆砖 （2）空斗墙撂底
	1-6 空心砖墙砌筑	1-6-1 能确定空心砖墙组砌形式	（1）空心砖墙的构造形式的确定 （2）空心砖墙组砌形式的确定 （3）空心砖墙适用范围
		1-6-2 能进行空心砖墙摆砖撂底	（1）空心砖墙摆砖 （2）空心砖墙撂底

续表

职业功能模块	培训内容	技能目标	培训细目
1. 砌砖	1-7 筒拱砌筑	1-7-1 能进行筒拱定位放线	（1）筒拱定位放线
		1-7-2 能支设、拆除筒拱模板	（1）筒拱的支模 （2）筒拱的砌筑 （3）筒拱的拆模
		1-7-3 能确定筒拱组砌方式	（1）筒拱的基本形式和构造的确定 （2）筒拱组砌形式的确定
	1-8 异形砖墙砌筑	1-8-1 能现场加工异形砖	（1）异形砖墙组砌形式的确定 （2）异形砖的现场加工
		1-8-2 能定位放线	（1）异形砖定位放线
		1-8-3 能摆砖撂底	（1）异形砖墙砌筑摆砖 （2）异形砖墙砌筑撂底
		1-8-4 能进行异形砖墙勾缝	（1）异形砖墙勾缝形式的确定 （2）异形砖墙的勾缝操作
		1-8-5 能砌筑多角形砖墙	（1）多角形砖墙的砌筑
		1-8-6 能砌筑弧形砖缝	（1）弧形砖缝勾缝形式的确定 （2）弧形砖缝的勾缝操作
2. 砌石	2-1 粗料石基础砌筑	2-1-1 能确定粗料石基础组砌形式	（1）粗料石基础构造形式的确定 （2）粗料石基础组砌形式的确定
		2-1-2 能检查粗料石基础基层，抄平放线，立皮数杆	（1）粗料石基础基层的检查 （2）粗料石基础定位放线 （3）粗料石基础立皮数杆
		2-1-3 能进行粗料石基础撂底、盘角、挂线	（1）粗料石基础的撂底 （2）粗料石基础的盘角 （3）粗料石基础的挂线定位
		2-1-4 能进行粗料石基础勾缝	（1）粗料石基础勾缝形式的确定 （2）粗料石基础的勾缝操作

续表

职业功能模块	培训内容	技能目标	培训细目
2. 砌石	2-2　粗料石墙砌筑	2-2-1　能确定粗料石墙组砌形式	（1）粗料石墙基本形式和构造的确定 （2）粗料石墙组砌形式的确定
		2-2-2　能进行粗料石墙留槎	（1）粗料石墙体留槎位置的砌筑
		2-2-3　能砌筑粗料石墙转角处与交接处墙体	（1）粗料石墙转角处的砌筑 （2）粗料石墙交接处的砌筑
		2-2-4　能预留粗料石墙洞口	（1）粗料石墙洞口的预留
		2-2-5　能进行粗料石墙勾缝	（1）粗料石墙勾缝形式的确定 （2）粗料石墙的勾缝操作
	2-3　粗料石柱砌筑	2-3-1　能确定粗料石柱组砌形式	（1）粗料石柱基本形式和构造的确定 （2）粗料石柱组砌形式的确定
		2-3-2　能砌筑粗料石柱	（1）粗料石柱的砌筑
	2-4　粗料石过梁砌筑	2-4-1　能砌筑平拱式粗料石过梁	（1）平拱式粗料石过梁形式的确定 （2）平拱式粗料石过梁的砌筑
		2-4-2　能砌筑圆拱式粗料石过梁	（1）圆拱式粗料石过梁形式的确定 （2）圆拱式粗料石过梁的砌筑
3. 小型砌块砌筑	3-1　混凝土小型砌块砌筑	3-1-1　能确定混凝土小型砌块墙组砌形式	（1）混凝土小型砌块墙基本形式和构造的确定 （2）混凝土小型砌块墙组砌形式的确定
		3-1-2　能进行混凝土小型砌块摆砖撂底	（1）混凝土小型砌块摆砖 （2）混凝土小型砌块撂底
		3-1-3　能立混凝土小型砌块皮数杆	（1）混凝土小型砌块立皮数杆
		3-1-4　能进行混凝土小型砌块勾缝	（1）混凝土小型砌块勾缝形式的确定 （2）混凝土小型砌块勾缝操作

续表

职业功能模块	培训内容	技能目标	培训细目
3. 小型砌块砌筑	3-2 加气混凝土小砌块、粉煤灰砌块砌筑	3-2-1 能确定加气混凝土小砌块、粉煤灰砌块墙组砌形式	（1）加气混凝土小砌块墙基本形式和构造的确定 （2）粉煤灰砌块墙基本形式和构造的确定 （3）加气混凝土小砌块墙组砌形式的确定 （4）粉煤灰砌块墙组砌形式的确定
		3-2-2 能进行加气混凝土小砌块、粉煤灰砌块摆砖撂底	（1）加气混凝土小砌块摆砖 （2）粉煤灰砌块摆砖 （3）加气混凝土小砌块撂底 （4）粉煤灰砌块撂底
		3-2-3 能立加气混凝土小砌块、粉煤灰砌块皮数杆	（1）加气混凝土小砌块墙立皮数杆 （2）粉煤灰砌块墙立皮数杆
4. 配筋砌体砌筑	4-1 组合砖砌体砌筑	4-1-1 能砌筑组合砖柱、砖垛、砖墙	（1）组合砖柱的砌筑 （2）组合砖垛的砌筑 （3）组合砖墙的砌筑
		4-1-2 砌筑钢筋砖过梁	（1）钢筋砖过梁形式的确定 （2）钢筋砖过梁的砌筑
		4-1-3 能砌筑钢筋砖圈梁	（1）钢筋砖圈梁形式的确定 （2）钢筋砖圈梁的砌筑
		4-1-4 能砌筑复合夹心墙	（1）复合夹心墙的砌筑
		4-1-5 能砌筑填心墙	（1）填心墙的砌筑
	4-2 网状配筋砖砌体砌筑	4-2-1 能砌筑网状配筋砖柱	（1）网状配筋砖柱的砌筑
		4-2-2 能砌筑网状配筋砖墙	（1）网状配筋砖墙的砌筑
	4-3 配筋小砌块砌体砌筑	4-3-1 能砌筑配筋小砌块柱	（1）配筋小砌块柱的砌筑
		4-3-2 能砌筑配筋小砌块墙	（1）配筋小砌块墙的砌筑
		4-3-3 能正确施工芯柱，灌注混凝土	（1）芯柱、灌注混凝土的施工
5. 屋面瓦铺挂	5-1 平瓦屋面铺筑	5-1-1 能铺檐口平瓦、脊瓦平瓦	（1）檐口平瓦的铺筑 （2）脊瓦平瓦的铺筑
		5-1-2 能做平瓦屋面天沟、斜脊与泛水	（1）平瓦屋面天沟的铺筑 （2）平瓦屋面斜脊的铺筑 （3）平瓦屋面泛水的铺筑

续表

职业功能模块	培训内容	技能目标	培训细目
5. 屋面瓦铺挂	5-2　小青瓦屋面铺筑	5-2-1　能铺檐口小青瓦、脊瓦小青瓦	（1）檐口小青瓦的铺筑 （2）脊瓦小青瓦的铺筑
		5-2-2　能做小青瓦屋面天沟、斜脊与泛水	（1）小青瓦屋面天沟的铺筑 （2）小青瓦屋面斜脊的铺筑 （3）小青瓦屋面泛水的铺筑
	5-3　筒瓦屋面铺筑	5-3-1　能选筒瓦、摆筒瓦	（1）筒瓦样式的确定 （2）筒瓦屋面摆瓦
		5-3-2　能铺底筒瓦、盖筒瓦、滴水筒瓦及勾头筒瓦	（1）筒瓦屋面底筒瓦的铺筑 （2）筒瓦屋面盖筒瓦的铺筑 （3）筒瓦屋面滴水筒瓦的铺筑 （4）筒瓦屋面勾头筒瓦的铺筑
		5-3-3　能分垄、筑脊	（1）筒瓦屋面分垄和筑脊的铺筑
		5-3-4　能做筒瓦屋面天沟、斜脊与泛水	（1）筒瓦屋面天沟的铺筑 （2）筒瓦屋面斜脊的铺筑 （3）筒瓦屋面泛水的铺筑

2.1.4　三级 / 高级职业技能培训要求

职业功能模块	培训内容	技能目标	培训细目
1. 砌砖	1-1　砖墙砌筑	1-1-1　能进行构造柱边的处理	（1）构造柱的抗震处理 （2）构造柱的配筋处理 （3）构造柱的砌筑
		1-1-2　能进行梁底和板底砖的处理	（1）梁底砖的处理 （2）板底砖的处理
		1-1-3　能砌筑封山	（1）平封山的砌筑 （2）高封山的砌筑
		1-1-4　能砌筑出檐	（1）封檐的砌筑 （2）拔檐的砌筑
	1-2　清水墙砌筑	1-2-1　能进行清水墙的摆砖撂底	（1）清水墙的组砌形式 （2）清水墙的构造 （3）清水清的撂底
		1-2-2　能进行清水墙的盘角挂线	（1）清水墙的盘角 （2）清水墙水平灰缝的控制 （3）清水墙的挂线

续表

职业功能模块	培训内容	技能目标	培训细目
1. 砌砖	1-2　清水墙砌筑	1-2-3　能进行清水墙墙角、腰线、花棚、栏杆、墙垛、门窗垛的砌筑	（1）清水墙的砌筑 （2）清水墙墙角的砌筑 （3）清水墙腰线的砌筑 （4）清水墙花棚的砌筑 （5）清水墙栏杆的砌筑 （6）清水墙墙跺、门窗垛的砌筑
		1-2-4　能进行清水墙勾缝	（1）平缝的勾缝 （2）凹缝的勾缝 （3）斜缝的勾缝 （4）凸缝的勾缝
	1-3　筒拱砌筑	1-3-1　能砌筑单曲筒拱	（1）单曲筒拱组砌形式的确定 （2）单曲筒拱的砌筑
		1-3-2　能砌筑双曲筒拱	（1）双曲筒拱组砌形式的确定 （2）双曲筒拱的砌筑
		1-3-3　能进行窗台、窗间墙的砌筑	（1）窗台的砌筑 （2）窗间墙的砌筑
	1-4　花饰墙砌筑	1-4-1　能进行花饰墙的材料选择、放样、编排图案、搭砌顺序	（1）花饰墙材料的选择 （2）花饰墙的放样 （3）花饰墙组编排图案、搭砌顺序的确定
		1-4-2　能进行各种形式花饰墙的组砌、偏差调整	（1）花饰墙的组砌 （2）花饰墙的偏差调整
		1-4-3　能进行花饰墙的勾缝	（1）花饰墙平缝的勾缝 （2）花饰墙凹缝的勾缝 （3）花饰墙斜缝的勾缝 （4）花饰墙凸缝的勾缝
2. 砌石	2-1　细料石柱砌筑	2-1-1　能确定细料石柱的组砌方式	（1）细料石柱基本形式与构造 （2）细料石柱组砌形式
		2-1-2　能砌筑细料石柱	（1）细料石柱的砌筑
	2-2　细料石墙砌筑	2-2-1　能选择细料石墙材料、确定组砌方法	（1）细料石墙选材 （2）细料石墙砌体基本形式与构造
		2-2-2　能进行细料石墙的排砖撂底	（1）细料石墙的排砖 （2）细料石墙的撂底
		2-2-3　能进行细料石墙的砌筑、留槎	（1）细料石墙的砌筑 （2）细料石墙的留槎
		2-2-4　能进行细料石墙的勾缝	（1）细料石墙的勾缝

续表

职业功能模块	培训内容	技能目标	培训细目
3. 炉灶砌筑	3-1　炉灶基础砌筑	3-1-1　能选用炉灶耐火砖材料	（1）炉灶耐火砖材料的选用
		3-1-2　能进行炉灶基础定位放线	（1）炉灶基础的定位放线
		3-1-3　能确定炉灶基础的组砌形式	（1）炉灶基础组砌形式的确定
		3-1-4　能进行炉灶基础的砌筑	（1）炉灶基础的砌筑 （2）炉灶基础的收退
	3-2　炉灶墙身砌筑	3-2-1　能进行炉灶墙身的砌筑	（1）炉灶墙身构造 （2）炉灶墙身组砌形式的确定 （3）炉灶墙身的砌筑
		3-2-2　能进行炉灶墙附件预埋	（1）炉灶墙附件的预埋
		3-2-3　能进行炉灶墙洞口与膨胀缝的预留	（1）炉灶墙洞口与膨胀缝的预留
		3-2-4　能进行炉灶墙保温材料的填充	（1）炉灶墙洞口保温材料的填充
		3-2-5　能进行炉灶墙身接缝的密封	（1）炉灶墙接缝的密封
4. 班组管理	4-1　生产计划	4-1-1　能编制砌筑班组周（旬）生产计划	（1）班组砌筑施工劳动力计划的编制 （2）班组砌筑施工材料计划的编制 （3）班组砌筑施工设备管理计划的编制 （4）班组砌筑施工进度管理计划的编制 （5）班组砌筑施工现场管理计划的编制
		4-1-2　能实施砌筑班组周（旬）生产计划	（1）班组砌筑施工劳动力计划的实施 （2）班组砌筑施工材料计划的实施 （3）班组砌筑施工设备管理计划的实施 （4）班组砌筑施工进度管理计划的实施 （5）班组砌筑施工现场管理计划的实施

续表

职业功能模块	培训内容	技能目标	培训细目
4. 班组管理	4-2　开展技术活动	4-2-1　能进行班组砌筑施工技术交底	（1）班组砌筑施工技术交底
		4-2-2　能填写、收集班组施工记录	（1）班组施工部位的填写 （2）班组施工工作内容的填写 （3）班组施工安全生产活动内容的填写 （4）班组施工记录的收集
	4-3　质量管理	4-3-1　能进砌体结构的质量管理	（1）砌体结构设计规范 （2）砌体结构工程施工规范 （3）砌体结构工程施工质量验收规范
		4-3-2　能制定成品保护措施	（1）砌筑成品保护措施的制定
		4-3-3　能开展班组自检和互检工作	（1）班组内自检 （2）班组内互检
		4-3-4　能进行缺陷修复	（1）砌筑质量缺陷的成因分析 （2）砌筑质量缺陷的修复
	4-4　安全施工	4-4-1　能进行班组砌筑施工安全技术交底	（1）安全技术交底及其作用 （2）安全技术交底的基本要求 （3）安全技术交底的主要内容 （4）安全技术交底的实施 （5）安全技术交底的记录
		4-4-2　能进行班组砌筑安全检查与验收	（1）砌筑施工安全检查 （2）砌筑施工安全验收
	4-5　工料与经济核算	4-5-1　能记录整理班组施工用料台账	（1）班组施工用料台账的记录
		4-5-2　能制定班组用工和考勤制度	（1）班组用工制度的制定 （2）班组考勤制度的制定
		4-5-3　能进行班组成本核算	（1）班组成本核算
5. 教育培训	5-1　技能培训	5-1-1　能传授砌筑实体操作技术	（1）指导砌砖技术 （2）指导砌石技术 （3）指导炉灶砌筑
		5-1-2　能传授砌筑工具、设备使用方法	（1）指导砌筑工具的使用方法 （2）指导砌筑设备使用方法
		5-1-3　能对初、中级工进行技能培训	（1）五 / 初、四 / 中级工技能培训
		5-1-4　能编制砌筑工技能培训计划	（1）五 / 初、四 / 中级工培训计划的编制

续表

职业功能模块	培训内容	技能目标	培训细目
5. 教育培训	5-2 理论培训	5-2-1 能讲解砌筑技术	（1）讲解砌砖技术 （2）讲解砌石技术 （3）讲解炉灶砌筑技术
		5-2-2 能讲解砌筑工具、设备使用性能	（1）讲解砌筑工具使用方法和性能 （2）讲解砌筑设备使用方法和性能
		5-2-3 能对初、中级工进行理论培训	（1）五/初、四/中级工理论培训
		5-2-4 能编制砌筑工理论培训计划	（1）五/初、四/中级工理论培训计划的编制

2.2 课程规范

2.2.1 职业基本素质培训课程规范

模块	课程	学习单元	课程内容	培训建议	课堂学时
1. 职业认知与职业道德	1-1 职业认知	（1）职业认知	1）建筑行业简介 ①建筑业的定义 ②建筑行业的现状与发展	（1）方法：讲授法、案例教学法 （2）重点与难点：砌筑工的工作内容	1
			2）砌筑工的认知 ①砌筑工的工作内容 ②常见的砌筑工艺流程 ③砖砌体的传统操作方法 ④与砌筑相关的施工测量知识		

续表

<table>
<tr><th>模块</th><th>课程</th><th>学习单元</th><th>课程内容</th><th>培训建议</th><th>课堂学时</th></tr>
<tr><td rowspan="2">1. 职业认知与职业道德</td><td rowspan="2">1-2 职业道德基本知识</td><td rowspan="2">（1）职业道德与职业守则</td><td>1）职业道德
①道德与职业道德的概念
②各行业共同的职业道德
③工作态度、砌筑质量、职业道德三者的关系
④加强职业道德修养</td><td rowspan="2">（1）方法：讲授法、案例教学法
（2）重点：砌筑工职业守则
（3）难点：砌筑工职业守则的遵守</td><td rowspan="2">2</td></tr>
<tr><td>2）砌筑工职业守则
①遵守相关法律法规和规定
②爱岗敬业，忠于职守，诚实守信
③认真负责，严于律己
④努力学习，钻研业务，奉献社会
⑤谦虚谨慎，团结协作
⑥严格执行工艺文件，质量意识强
⑦重视安全生产，环保意识强</td></tr>
<tr><td rowspan="4">2. 基础知识</td><td rowspan="4">2-1 识图与构造知识</td><td rowspan="4">（1）识图与构造知识</td><td>1）一般建筑工程施工图的识读
①建筑平面图、建筑立面图、建筑剖面图、建筑详图的识读
②结构施工图的识读
③标准图的识读</td><td rowspan="4">（1）方法：讲授法、案例教学法
（2）重点与难点：砌筑工程抗震设防构造的一般知识</td><td rowspan="4">15</td></tr>
<tr><td>2）砌筑工程各部位构造的一般知识
①砖基础
②砖墙
③砖柱
④砖过梁</td></tr>
<tr><td>3）砌筑工程抗震设防构造的一般知识
①砌体房屋的震害特点
②抗震设计的一般规定
③抗震的构造措施</td></tr>
<tr><td>4）砌筑工程受力的一般知识
①承重墙受力特点
②填充墙受力特点</td></tr>
</table>

续表

模块	课程	学习单元	课程内容	培训建议	课堂学时
2. 基础知识	2-2 砌筑材料知识	（1）砌筑材料知识	1）砌筑工程常用材料的种类、性能 ①砖的种类、性能 ②砌筑用石材的种类、性能 ③小型砌块的种类、性能 ④砂浆的种类、性能	（1）方法：讲授法、演示法 （2）重点与难点：常用砌筑材料的使用方法	10
			2）砌筑工程常用材料的识别 ①砖的识别 ②常见砌筑用石材的识别 ③小型砌块的识别 ④砂浆的识别		
			3）砌筑工程常用材料的质量要求 ①砖的质量要求 ②砌筑用石材的质量要求 ③小型砌块的质量要求 ④砂浆的质量要求		
			4）常用砌筑材料的使用方法		
	2-3 砌筑工具、设备知识	（1）砌筑工具、设备知识	1）砌筑工具、设备的种类、性能 ①手工工具 ②备料工具 ③勾缝工具 ④检测工具 ⑤砂浆搅拌机 ⑥垂直运输设备 ⑦脚手架	（1）方法：讲授法、演示法 （2）重点与难点：常用砌筑工具、设备的使用与维护方法	7
			2）常用砌筑工具、设备的使用与维护方法 ①砂浆搅拌机 ②垂直运输设备 ③脚手架		

续表

<table>
<tr><th>模块</th><th>课程</th><th>学习单元</th><th>课程内容</th><th>培训建议</th><th>课堂学时</th></tr>
<tr><td rowspan="12">2. 基础知识</td><td rowspan="4">2-4 安全生产和环境保护知识</td><td rowspan="4">（1）安全生产和环境保护知识</td><td>1）劳动保护知识
①劳动防护用品的使用
②劳动安全防护技术要求
③工作环境条件
④三级安全教育</td><td rowspan="4">（1）方法：讲授法
（2）重点与难点：砌筑工程安全技术操作要求</td><td rowspan="4">4</td></tr>
<tr><td>2）砌筑工程安全技术操作要求
①一般要求
②砖石砌筑安全技术要求
③砌块砌筑安全技术要求
④高处砌筑安全技术要求</td></tr>
<tr><td>3）绿色施工知识
①节能型围护结构应用技术
②新型墙体材料应用技术及施工技术
③预拌砂浆技术</td></tr>
<tr><td>4）成品保护知识</td></tr>
<tr><td rowspan="8">2-5 相关法律法规知识</td><td rowspan="8">（1）相关法律法规知识</td><td>1）《中华人民共和国劳动法》相关知识</td><td rowspan="8">（1）方法：讲授法
（2）重点与难点：对《建设工程质量管理条例》的理解与把握</td><td rowspan="8">1</td></tr>
<tr><td>2）《中华人民共和国劳动合同法》相关知识</td></tr>
<tr><td>3）《中华人民共和国环境保护法》相关知识</td></tr>
<tr><td>4）《中华人民共和国建筑法》相关知识</td></tr>
<tr><td>5）《中华人民共和国安全生产法》相关知识</td></tr>
<tr><td>6）《建设工程质量管理条例》相关知识</td></tr>
<tr><td>7）《建设工程安全生产管理条例》相关知识</td></tr>
<tr><td>8）《建筑安装工人安全技术操作规程》相关知识</td></tr>
<tr><td colspan="5">课堂学时合计</td><td>40</td></tr>
</table>

2.2.2 五级 / 初级职业技能培训课程规范

模块	课程	学习单元	课程内容	培训建议	课堂学时
1. 砌筑砂浆拌制与使用	1–1 砌筑砂浆配料	（1）砌筑砂浆材料质量的鉴别	1）水泥的基础知识 ①水泥的种类 ②水泥的强度等级 ③水泥的特性 ④水泥的保管	（1）方法：讲授法、实物示教法 （2）重点与难点：水泥质量的鉴别	2
			2）水泥质量的鉴别 ①鉴别的方法 ②鉴别标准 ③注意事项		
			3）砂子质量的鉴别 ①砂子的种类 ②鉴别的方法 ③鉴别标准 ④注意事项		
			4）塑化材料质量的鉴别 ①塑化材料的种类 ②鉴别的方法 ③鉴别标准 ④注意事项		
		（2）砌筑砂浆配合比的设计	1）砌筑砂浆的配合比	（1）方法：讲授法、演示法、实训法 （2）重点与难点：砂浆各组分材料的允许偏差	1
			2）砂浆各组分材料的允许偏差		
		（3）计量器具的使用	1）器具的种类 ①磅秤 ②筛子 ③量桶	（1）方法：讲授法、演示法、实训法 （2）重点与难点：器具的使用	1
			2）器具的使用 ①磅秤的使用 ②筛子的使用 ③量桶的使用		

续表

模块	课程	学习单元	课程内容	培训建议	课堂学时
1. 砌筑砂浆拌制与使用	1–2 砌筑砂浆搅拌	(1) 砌筑砂浆的投料及搅拌	1）砂浆投料的顺序要求	(1) 方法：讲授法、演示法、实训法 (2) 重点与难点：砂浆的投料顺序	1
			2）砂浆搅拌的要求		
		(2) 砌筑砂浆的搅拌方法	1）机械搅拌 ①方法 ②注意事项	(1) 方法：讲授法、演示法、实训法 (2) 重点与难点：机械搅拌	1
			2）人工搅拌 ①方法 ②注意事项		
	1–3 砌筑砂浆使用	(1) 砌筑砂浆的储存与使用要求	1）砂浆的储存要求	(1) 方法：讲授法、案例教学法 (2) 重点与难点：砂浆使用的时间控制	1
			2）砂浆使用的影响因素		
			3）砂浆使用的时间控制		
		(2) 砌筑砂浆的技术性能	1）砂浆和易性的判别	(1) 方法：讲授法、案例教学法 (2) 重点与难点：砂浆试块强度的验收	2
			2）砂浆流动性的判别		
			3）砂浆试块强度的验收		
2. 砌砖	2–1 砖基础砌筑	(1) 砌筑砖基础材料	1）普通烧结砖 ①规格 ②质量等级 ③技术要求	(1) 方法：讲授法、实物示教法 (2) 重点与难点：砌筑砖基础材料	1
			2）硅酸盐类砖 ①蒸压灰砂砖 ②粉煤灰砖 ③炉渣砖 ④矿渣砖 ⑤煤矸石砖		
			3）耐火砖		

续表

模块	课程	学习单元	课程内容	培训建议	课堂学时
2. 砌砖	2-1 砖基础砌筑	（2）砌筑砖基础工具	1）常用工具的种类、性能、适用范围及使用方法	（1）方法：讲授法、实物示教法 （2）重点与难点：常用工具的种类、性能、适用范围及使用方法	1
			2）质量检测工具 ①钢卷尺 ②托线板 ③线锤 ④塞尺 ⑤水平尺 ⑥准线 ⑦百格尺 ⑧方尺 ⑨龙门板 ⑩皮数杆		
			3）常用的机械设备 ①砂浆搅拌机 ②垂直运输设备		
			4）脚手架 ①常用脚手架的构造 ②脚手架使用要点		
		（3）垫层的修正	1）砖基础的一般构造	（1）方法：讲授法、演示法、实训法 （2）重点与难点：垫层的修正	2
			2）垫层修正的方法与注意事项 ①修正的方法 ②注意事项		
		（4）中间墙的砌筑	1）中间墙的构造	（1）方法：讲授法、演示法、实训法 （2）重点与难点：中间墙砌筑的工艺、操作要点及质量要求	4
			2）中间墙砌筑的工艺、操作要点		
			3）中间墙砌筑的质量要求		
		（5）基础墙的砌筑	1）基础墙的构造	（1）方法：讲授法、演示法、实训法 （2）重点与难点：基础墙砌筑的工艺、操作要点及质量要求	6
			2）基础墙砌筑的工艺、操作要点 ①准备工作 ②拌制砂浆 ③砖基础大放脚组砌方法 ④排砖撂底 ⑤砌筑 ⑥防潮层		
			3）基础墙砌筑的质量要求		

续表

模块	课程	学习单元	课程内容	培训建议	课堂学时
2. 砌砖	2–1 砖基础砌筑	(6) 防潮层的做法	1）防潮层的做法 ①方法 ②注意事项	(1) 方法：讲授法、案例教学法 (2) 重点与难点：防潮层的做法	2
	2–2 实心砖、多孔砖砖墙砌筑	(1) 实心砖、多孔砖墙墙身、留槎、接槎的砌筑	1）实心砖墙墙身砌筑的工艺、操作要点	(1) 方法：讲授法、案例教学法、实训法 (2) 重点与难点：实心砖、多孔砖墙墙身砌筑的工艺、操作要点	4
			2）多孔砖墙墙身砌筑的工艺、操作要点		
			3）留槎、接槎砌筑工艺、操作要点		
			4）实心砖、多孔砖墙墙身、留槎、接槎砌筑的质量要求		
		(2) 门窗洞口的砌筑	1）门窗洞口砌筑的工艺、操作要点	(1) 方法：讲授法、案例教学法、实训法 (2) 重点与难点：门窗洞口砌筑的工艺、操作要点	4
			2）门窗洞口砌筑的质量要求		
		(3) 楼层墙的砌筑	1）楼层墙砌筑的工艺、操作要点	(1) 方法：讲授法、案例教学法、实训法 (2) 重点与难点：楼层墙砌筑的工艺、操作要点及质量要求	4
			2）楼层墙砌筑的质量要求		
		(4) 构造柱的砌筑	1）构造柱的构造	(1) 方法：讲授法、案例教学法、实训法 (2) 重点：构造柱砌筑的工艺、操作要点及质量要求	4
			2）构造柱拉结筋的设置		
			3）构造柱砌筑的工艺、操作要点		
			4）构造柱砌筑的质量要求		

续表

模块	课程	学习单元	课程内容	培训建议	课堂学时
2. 砌砖	2-3 空斗墙砌筑	(1) 空斗墙的砌筑	1）空斗墙的构造	(1) 方法：讲授法、案例教学法、实训法 (2) 重点与难点：空斗墙砌筑的工艺、操作要点及质量要求	6
			2）空斗墙砌筑的工艺、操作要点		
			3）空斗墙砌筑的质量要求		
		(2) 空斗墙交接部位的砌筑	1）空斗墙交接部位砌筑的工艺、操作要点	(1) 方法：讲授法、案例教学法、实训法 (2) 重点与难点：空斗墙交接部位砌筑的工艺、操作要点及质量要求	2
			2）空斗墙交接部位砌筑的质量要求		
		(3) 空斗墙门窗洞、墙顶、墙柱连接的砌筑	1）空斗墙门窗洞、墙顶、墙柱连接砌筑的工艺、操作要点	(1) 方法：讲授法、案例教学法、实训法 (2) 重点与难点：空斗墙门窗洞、墙顶、墙柱连接砌筑的工艺、操作要点及质量要求	2
			2）空斗墙门窗洞、墙顶、墙柱连接砌筑的质量要求		
	2-4 空心砖墙砌筑	(1) 空心砖的材料及构造	1）空心砖的材料	(1) 方法：讲授法、案例教学法 (2) 重点与难点：空心砖的材料	1
			2）空心砖的构造		
		(2) 空心砖墙身的砌筑	1）空心砖墙身砌筑的工艺、操作要点	(1) 方法：讲授法、案例教学法、实训法 (2) 重点与难点：空心砖墙身砌筑的工艺、操作要点及质量要求	4
			2）空心砖墙身砌筑的质量要求		
		(3) 空心墙交接部位的砌筑	1）空心墙交接部位砌筑的工艺、操作要点	(1) 方法：讲授法、案例教学法、实训法 (2) 重点与难点：空心墙交接部位砌筑的工艺、操作要点及质量要求	4
			2）空心墙交接部位砌筑的质量要求		

续表

模块	课程	学习单元	课程内容	培训建议	课堂学时
2. 砌砖	2-4 空心砖墙砌筑	(4) 空心墙门窗、墙顶、墙柱连接的砌筑	1）空心墙门窗、墙顶、墙柱连接砌筑的工艺、操作要点	（1）方法：讲授法、案例教学法、实训法 （2）重点与难点：空心墙门窗、墙顶、墙柱连接砌筑的工艺、操作要点及质量要求	1
			2）空心墙门窗、墙顶、墙柱连接砌筑的质量要求		
3. 砌石	3-1 毛石基础砌筑	(1) 毛石的材料及构造	1）毛石的种类及选石要求	（1）方法：讲授法、案例教学法 （2）重点与难点：毛石的选材要求、毛石基础的组砌形式与构造	1
			2）毛石基础的组砌形式		
			3）毛石基础的构造要求		
		(2) 筑角石的砌筑	1) 筑角石的构造	（1）方法：讲授法、案例教学法、实训法 （2）重点与难点：筑角石砌筑的工艺、操作要点及质量要求	2
			2）筑角石砌筑的工艺、操作要点		
			3）筑角石砌筑的质量要求		
		(3) 拉结石的砌筑	1）拉结石的构造	（1）方法：讲授法、案例教学法、实训法 （2）重点与难点：拉结石砌筑的工艺、操作要点及质量要求	2
			2）拉结石砌筑的工艺、操作要点		
			3）拉结石砌筑的质量要求		
		(4) 正墙的砌筑	1）正墙砌筑的工艺、操作要点	（1）方法：讲授法、案例教学法、实训法 （2）重点与难点：正墙砌筑的工艺、操作要点及质量要求	2
			2）正墙砌筑的质量要求		
		(5) 毛石基础的砌筑	1）毛石基础砌筑的工艺、操作要点	（1）方法：讲授法、案例教学法、实训法 （2）重点与难点：毛石基础砌筑的工艺、操作要点及质量要求	3
			2）毛石基础砌筑的质量要求		

续表

模块	课程	学习单元	课程内容	培训建议	课堂学时
3. 砌石	3-1 毛石基础砌筑	(6) 收退基础的砌筑	1) 收退基础砌筑的工艺、操作要点	(1) 方法：讲授法、案例教学法、实训法 (2) 重点与难点：收退基础砌筑的工艺、操作要点及质量要求	1
			2) 收退基础砌筑的质量要求		
	3-2 毛石墙砌筑	(1) 毛石墙的组砌形式与构造	1) 毛石墙的组砌形式	(1) 方法：讲授法、案例教学法 (2) 重点与难点：毛石墙的组砌形式与构造	1
			2) 毛石墙的构造要求		
		(2) 毛石墙的砌筑	1) 毛石墙砌筑的工艺、操作要点	(1) 方法：讲授法、案例教学法、实训法 (2) 重点与难点：毛石墙砌筑的工艺、操作要点及质量要求	4
			2) 毛石墙砌筑的质量要求		
		(3) 组合墙的砌筑	1) 组合墙砌筑的工艺、操作要点	(1) 方法：讲授法、案例教学法、实训法 (2) 重点与难点：组合墙砌筑的工艺、操作要点及质量要求	2
			2) 组合墙砌筑的质量要求		
		(4) 挡土墙的砌筑	1) 挡土墙砌筑的工艺、操作要点	(1) 方法：讲授法、案例教学法、实训法 (2) 重点与难点：挡土墙砌筑的工艺、操作要点及质量要求	2
			2) 挡土墙砌筑的质量要求		
4. 小型砌块砌筑	4-1 混凝土小型砌块砌筑	(1) 混凝土小型砌块材料	1) 混凝土小型砌块材料要求	(1) 方法：讲授法、案例教学法 (2) 重点与难点：混凝土小型砌块的材料要求	1
			2) 混凝土小型砌块适用范围		

续表

模块	课程	学习单元	课程内容	培训建议	课堂学时
4. 小型砌块砌筑	4-1 混凝土小型砌块砌筑	（2）混凝土小型砌块的铺灰、灌孔	1）铺灰、灌孔的工艺、操作要点	（1）方法：讲授法、案例教学法、实训法 （2）重点与难点：铺灰、灌孔的工艺、操作要点及质量要求	1
			2）铺灰、灌孔的质量要求		
		（3）混凝土小型砌块墙身的砌筑	1）混凝土小型砌块墙身砌筑的工艺、操作要点	（1）方法：讲授法、案例教学法、实训法 （2）重点与难点：混凝土小型砌块墙身砌筑的工艺、操作要点及质量要求	4
			2）混凝土小型砌块墙身砌筑的质量要求		
		（4）混凝土小型砌块交接部位的砌筑	1）混凝土小型砌块交接部位砌筑的工艺、操作要点	（1）方法：讲授法、案例教学法、实训法 （2）重点与难点：混凝土小型砌块交接部位砌筑的工艺、操作要点及质量要求	1
			2）混凝土小型砌块交接部位砌筑的质量要求		
		（5）混凝土小型砌块填充墙的砌筑	1）混凝土小型砌块填充墙砌筑的工艺、操作要点	（1）方法：讲授法、案例教学法、实训法 （2）重点与难点：混凝土小型砌块填充墙砌筑的工艺、操作要点及质量要求	2
			2）混凝土小型砌块填充墙砌筑的质量要求		
		（6）混凝土小型砌块构造柱的砌筑	1）混凝土小型砌块构造柱拉结筋或钢筋网片的设置	（1）方法：讲授法、案例教学法、实训法 （2）重点与难点：混凝土小型砌块构造柱砌筑的工艺、操作要点及质量要求	2
			2）混凝土小型砌块构造柱砌筑的工艺、操作要点		
			3）混凝土小型砌块构造柱砌筑的质量要求		

续表

模块	课程	学习单元	课程内容	培训建议	课堂学时
4. 小型砌块砌筑	4-1 混凝土小型砌块砌筑	(7) 芯柱的砌筑	1) 芯柱设置部位及形成要求	(1) 方法: 讲授法、案例教学法、实训法 (2) 重点与难点: 芯柱砌筑的工艺、操作要点及质量要求	1
			2) 芯柱砌筑的工艺、操作要点		
			3) 芯柱砌筑的质量要求		
	4-2 加气混凝土小砌块、粉煤灰砌块砌筑	(1) 加气混凝土小砌块、粉煤灰砌块材料	1) 加气混凝土小砌块、粉煤灰砌块的材料要求	(1) 方法: 讲授法、案例教学法 (2) 重点与难点: 加气混凝土小砌块、粉煤灰砌块的材料要求	1
			2) 加气混凝土小砌块、粉煤灰砌块材料的适用范围		
		(2) 加气混凝土小砌块、粉煤灰砌块的铺灰、灌缝、镶砖	1) 铺灰、灌缝、镶砖的工艺、操作要点	(1) 方法: 讲授法、案例教学法、实训法 (2) 重点与难点: 铺灰、灌缝、镶砖的工艺、操作要点及质量要求	1
			2) 铺灰、灌缝、镶砖的质量要求		
		(3) 加气混凝土小砌块、粉煤灰砌块墙身的砌筑	1) 加气混凝土小砌块、粉煤灰砌块墙身砌筑的工艺、操作要点	(1) 方法: 讲授法、案例教学法、实训法 (2) 重点与难点: 加气混凝土小砌块、粉煤灰砌块墙身砌筑的工艺、操作要点及质量要求	4
			2) 加气混凝土小砌块、粉煤灰砌块墙身砌筑的质量要求		
		(4) 加气混凝土小砌块、粉煤灰砌块交接部位的砌筑	1) 加气混凝土小砌块、粉煤灰砌块交接部位砌筑的工艺、操作要点	(1) 方法: 讲授法、案例教学法、实训法 (2) 重点与难点: 加气混凝土小砌块、粉煤灰砌块交接部位砌筑的工艺、操作要点及质量要求	1
			2) 加气混凝土小砌块、粉煤灰砌块交接部位砌筑的质量要求		

续表

模块	课程	学习单元	课程内容	培训建议	课堂学时
4. 小型砌块砌筑	4-2 加气混凝土小砌块、粉煤灰砌块砌筑	（5）加气混凝土小砌块、粉煤灰砌块填充墙的砌筑	1）加气混凝土小砌块、粉煤灰砌块填充墙砌筑的工艺、操作要点 2）加气混凝土小砌块、粉煤灰砌块填充墙砌筑的质量要求	（1）方法：讲授法、案例教学法、实训法 （2）重点与难点：加气混凝土小砌块、粉煤灰砌块填充墙砌筑的工艺、操作要点及质量要求	2
		（6）加气混凝土小砌块、粉煤灰砌块构造柱的砌筑	1）加气混凝土小砌块、粉煤灰砌块构造柱拉结筋或钢筋网片的设置 2）加气混凝土小砌块、粉煤灰砌块构造柱砌筑的工艺、操作要点 3）加气混凝土小砌块、粉煤灰砌块构造柱砌筑的质量要求	（1）方法：讲授法、案例教学法、实训法 （2）重点与难点：加气混凝土小砌块、粉煤灰砌块构造柱砌筑的工艺、操作要点及质量要求	2
5. 屋面瓦铺挂	5-1 平瓦屋面铺筑	（1）平瓦的选择	1）平瓦的主要材料 2）平瓦的选择要求	（1）方法：讲授法、案例教学法 （2）重点与难点：平瓦的选择要求	1
		（2）平瓦屋面的构造	1）平瓦屋面的构造要求	（1）方法：讲授法、案例教学法 （2）重点与难点：平瓦屋面的构造要求	1
		（3）摆平瓦	1）摆平瓦的工艺、操作要点 2）摆平瓦的质量要求	（1）方法：讲授法、案例教学法、实训法 （2）重点与难点：摆平瓦的工艺、操作要点及质量要求	2
		（4）挂平瓦	1）挂平瓦的工艺、操作要点 2）挂平瓦的质量要求	（1）方法：讲授法、案例教学法、实训法 （2）重点与难点：挂平瓦的工艺、操作要点及质量要求	2

续表

<table>
<tr><th>模块</th><th>课程</th><th>学习单元</th><th>课程内容</th><th>培训建议</th><th>课堂学时</th></tr>
<tr><td rowspan="11">5. 屋面瓦铺挂</td><td rowspan="2">5-1 平瓦屋面铺筑</td><td rowspan="2">（5）平瓦屋面的铺筑</td><td>1）平瓦屋面铺筑的工艺、操作要点</td><td rowspan="2">（1）方法：讲授法、案例教学法、实训法
（2）重点与难点：平瓦屋面铺筑的工艺、操作要点及质量要求</td><td rowspan="2">2</td></tr>
<tr><td>2）平瓦屋面铺筑的质量要求</td></tr>
<tr><td rowspan="9">5-2 小青瓦屋面铺筑</td><td rowspan="2">（1）小青瓦的选择</td><td>1）小青瓦的主要材料</td><td rowspan="2">（1）方法：讲授法、案例教学法
（2）重点与难点：小青瓦的选择要求</td><td rowspan="2">1</td></tr>
<tr><td>2）小青瓦的选择要求</td></tr>
<tr><td>（2）小青瓦屋面的构造</td><td>1）小青瓦屋面的构造要求</td><td>（1）方法：讲授法、案例教学法
（2）重点与难点：小青瓦屋面的构造要求</td><td>1</td></tr>
<tr><td rowspan="2">（3）摆小青瓦</td><td>1）摆小青瓦的工艺、操作要点</td><td rowspan="2">（1）方法：讲授法、案例教学法、实训法
（2）重点与难点：摆小青瓦的工艺、操作要点及质量要求</td><td rowspan="2">2</td></tr>
<tr><td>2）摆小青瓦的质量要求</td></tr>
<tr><td rowspan="2">（4）挂小青瓦</td><td>1）挂小青瓦的工艺、操作要点</td><td rowspan="2">（1）方法：讲授法、案例教学法、实训法
（2）重点与难点：挂小青瓦的工艺、操作要点及质量要求</td><td rowspan="2">2</td></tr>
<tr><td>2）挂小青瓦的质量要求</td></tr>
<tr><td rowspan="2">（5）小青瓦屋面的铺筑</td><td>1）小青瓦屋面铺筑的工艺、操作要点</td><td rowspan="2">（1）方法：讲授法、案例教学法、实训法
（2）重点与难点：小青瓦屋面铺筑的工艺、操作要点及质量要求</td><td rowspan="2">2</td></tr>
<tr><td>2）小青瓦屋面铺筑的质量要求</td></tr>
<tr><td colspan="5">课堂学时合计</td><td>120</td></tr>
</table>

2.2.3 四级 / 中级职业技能培训课程规范

模块	课程	学习单元	课程内容	培训建议	课堂学时
1. 砌砖	1-1 砖基础砌筑	(1) 砖基础的组砌形式	1）砖基础的组砌形式 ①“一顺一丁” ②“三顺一丁” ③“梅花丁” ④“全顺” ⑤“全丁”	(1) 方法：讲授法、演示法 (2) 重点与难点：砖基础的组砌形式	1
		(2) 砖基础放样	1）放样弹线的方式 ①基础轴线弹线方式 ②基础边线弹线方式	(1) 方法：讲授法、演示法、实训法 (2) 重点：砖基础弹线 (3) 难点：立砖基础皮数杆	1
			2）立砖基础皮数杆 ①按要求立好皮数杆 ②皮数杆拉线标高的检查		
		(3) 砖基础摆砖撂底	1）砖基础摆砖 ①原理及目的 ②摆砖方式：“山丁檐跑” ③摆砖要求 ④操作要点	(1) 方法：讲授法、演示法、实训法 (2) 重点：砖基础摆砖原理及目的 (3) 难点：砖基础撂底	1
			2）砖基础撂底		
		(4) 砖基础盘角与收退	1）砖基础盘角 ①工艺 ②操作要点	(1) 方法：讲授法、演示法、实训法 (2) 重点与难点：砖基础盘角与收退的工艺	1
			2）砖基础收退 ①工艺 ②操作要点		
	1-2 实心砖、多孔砖墙砌筑	(1) 实心砖、多孔砖墙组砌形式和接头方式	1）实心砖、多孔砖墙组砌形式 ①实心砖墙组砌形式 ②多孔砖墙组砌形式	(1) 方法：讲授法、演示法 (2) 重点与难点：实心砖、多孔砖墙组砌形式	1
			2）实心砖、多孔砖墙接头方式		

续表

模块	课程	学习单元	课程内容	培训建议	课堂学时
1. 砌砖	1–2 实心砖、多孔砖墙砌筑	(2) 实心砖、多孔砖墙放样	1）实心砖、多孔砖墙抄平 ① 50 线 ② 1 米线	(1) 方法：讲授法、演示法、实训法 (2) 重点：实心砖、多孔砖墙放线 (3) 难点：实心砖、多孔砖墙立皮数杆	1
			2）实心砖、多孔砖墙定位放线知识 ①基础轴线放样弹线 ②基础边线放样弹线		
			3）立实心砖、多孔砖墙皮数杆 ①按要求立好皮数杆 ②检查皮数杆竖立情况（立正立直、所示标高等）		
		(3) 实心砖、多孔砖墙盘角挂线	1）实心砖、多孔砖墙盘角 ①工艺 ②操作要点	(1) 方法：讲授法、演示法、实训法 (2) 重点：实心砖、多孔砖墙盘角挂线工艺 (3) 难点：实心砖、多孔砖墙盘角挂线操作要点	1
			2）实心砖、多孔砖墙挂线 ①工艺 ②操作要点		
		(4) 实心砖、多孔砖墙摆砖撂底	1）实心砖、多孔砖墙摆砖 ①原理及目的 ②摆砖方式："山丁檐跑" ③摆砖要求 ④操作要点	(1) 方法：讲授法、演示法、实训法 (2) 重点与难点：实心砖、多孔砖墙摆砖撂底的操作要点	1
			2）实心砖、多孔砖墙撂底		
		(5) 实心砖、多孔砖墙勾缝	1）实心砖、多孔砖墙勾缝形式选择 ①平缝 ②凹缝 ③斜缝 ④矩形凸缝 ⑤半圆形凸缝	(1) 方法：讲授法、演示法、实训法 (2) 重点与难点：实心砖、多孔砖墙勾缝的操作要点	1
			2）实心砖、多孔砖墙勾缝前准备		
			3）实心砖、多孔砖墙勾缝的操作要点		

续表

模块	课程	学习单元	课程内容	培训建议	课堂学时
1. 砌砖	1-3 砖柱砌筑	（1）砖柱基本构造及组砌形式	1）砖柱构造	（1）方法：讲授法、演示法、讨论法 （2）重点：砖柱构造 （3）难点：独立砖柱与扶壁柱组砌形式	1
			2）独立砖柱组砌形式		
			3）扶壁柱组砌形式		
		（2）砌筑独立砖柱、扶壁柱	1）砖柱砌筑工艺、操作要点	（1）方法：讲授法、演示法、实训法 （2）重点：砌筑独立砖柱、扶壁柱 （3）难点：砖柱砌筑工艺、操作要点	2
			2）砖柱砌筑的质量要求		
			3）砖块现场加工制作		
			4）砌筑独立砖柱 ①砌筑方形独立砖柱 ②砌筑矩形独立砖柱 ③砌筑圆形独立砖柱 ④砌筑多边形独立砖柱		
			5）砌筑扶壁柱		
	1-4 砖过梁砌筑	（1）砌筑平拱式过梁	1）平拱式过梁构造和适用范围	（1）方法：讲授法、讨论法 （2）重点：平拱式过梁砌筑工艺、操作要点 （3）难点：平拱式过梁砌筑的质量要求	2
			2）平拱式过梁形式		
			3）平拱式过梁砌筑工艺、操作要点		
			4）平拱式过梁砌筑的质量要求		
		（2）砌筑弧拱式过梁	1）弧拱式过梁构造和适用范围	（1）方法：讲授法、讨论法 （2）重点与难点：弧拱式过梁砌筑工艺、操作要点	2
			2）弧拱式过梁形式		
			3）弧拱式过梁砌筑工艺、操作要点		
			4）弧拱式过梁砌筑的质量要求		

续表

模块	课程	学习单元	课程内容	培训建议	课堂学时
1. 砌砖	1-4　砖过梁砌筑	(3) 砌筑平砌式过梁	1）平砌式过梁构造和适用范围	(1) 方法：讲授法、讨论法 (2) 重点：平砌式过梁砌筑工艺、操作要点 (3) 难点：平砌式过梁砌筑的质量要求	2
			2）平砌式过梁形式		
			3）平砌式过梁砌筑工艺、操作要点		
			4）平砌式过梁砌筑的质量要求		
	1-5　空斗墙砌筑	(1) 空斗墙基本知识	1）空斗墙的构造	(1) 方法：讲授法、案例教学法 (2) 重点：空斗墙的构造和组砌形式 (3) 难点：空斗墙适用范围	1
			2）空斗墙的组砌形式		
			3）空斗墙适用范围		
		(2) 砌筑空斗墙	1）空斗墙砌筑工艺、操作要点	(1) 方法：讲授法、实训法 (2) 重点：空斗墙砌筑工艺、操作要点 (3) 难点：空斗墙砌筑的质量要求	2
			2）空斗墙砌筑的质量要求		
			3）空斗墙摆砖撂底工艺、操作要点		
			4）空斗墙摆砖撂底砌筑的质量要求		
	1-6　空心砖墙砌筑	(1) 空心砖墙基本构造及组砌形式	1）空心砖墙的构造	(1) 方法：讲授法、讨论法 (2) 重点：空心砖墙的构造和组砌形式 (3) 难点：空心砖墙的适用范围	1
			2）空心砖墙的组砌形式		
			3）空心砖墙适用范围		
		(2) 空心砖墙摆砖撂底	1）空心砖墙摆砖撂底工艺、操作要点	(1) 方法：讲授法、实训法 (2) 重点：空心砖墙摆砖撂底工艺、操作要点 (3) 难点：空心砖墙摆砖撂底质量要求	2
			2）空心砖墙摆砖撂底的质量要求		

续表

模块	课程	学习单元	课程内容	培训建议	课堂学时
1. 砌砖	1–7 筒拱砌筑	（1）筒拱基本形式、构造及组砌形式	1）筒拱的基本形式和构造	（1）方法：讲授法、讨论法 （2）重点：筒拱的基本形式和构造 （3）难点：筒拱的组砌形式	1
			2）筒拱的组砌形式		
		（2）砌筑筒拱	1）筒拱砌筑工艺、操作要点 ①定位放线 ②支设模板 ③组砌 ④拆除模板	（1）方法：讲授法、讨论法、实训法 （2）重点：砌筑筒拱的工艺、操作要点 （3）难点：筒拱砌筑的质量要求	2
			2）筒拱砌筑的质量要求		
	1–8 异形砖墙砌筑	（1）砌筑异形砖墙	1）异形砖种类 ①六角转 ②水磨砖 ③ A 型砖	（1）方法：讲授法、讨论法、实训法 （2）重点：异形砖墙砌筑工艺、操作要点 （3）难点：异形砖墙砌筑的质量要求	2
			2）异形砖墙组砌形式		
			3）异形砖现场加工制作方法		
			4）异形砖墙砌筑工艺、操作要点 ①定位放线 ②摆砖撂底 ③砖墙勾缝		
			5）异形砖墙砌筑的质量要求		
		（2）砌筑多角形砖墙	1）多角形砖墙砌筑工艺、操作要点	（1）方法：讲授法、讨论法、实训法 （2）重点：多角形砖墙砌筑工艺、操作要点 （3）难点：多角形砖墙砌筑的质量要求	2
			2）多角形砖墙砌筑质量要求		

续表

模块	课程	学习单元	课程内容	培训建议	课堂学时
1. 砌砖	1-8 异形砖墙砌筑	(3) 砌筑弧形砖缝	1) 弧形砖缝勾缝工艺、操作要点	(1) 方法：讲授法、讨论法、实训法 (2) 重点：弧形砖缝勾缝工艺、操作要点 (3) 难点：弧形砖缝勾缝质量要求	2
			2) 弧形砖缝勾缝质量要求		
2. 砌石	2-1 粗料石基础砌筑	(1) 粗料石基础基本构造及组砌形式	1) 粗料石基础的材料要求	(1) 方法：讲授法、讨论法、演示法 (2) 重点：粗料石基础材料要求和构造形式 (3) 难点：粗料石基础组砌形式	1
			2) 粗料石基础的构造形式		
			3) 粗料石基础的组砌形式		
		(2) 粗料石基础放样	1) 检查粗料石基础基层	(1) 方法：讲授法、讨论法、演示法 (2) 重点与难点：粗料石基础抄平放线、立皮数杆	1
			2) 粗料石基础抄平放线 ① 50 线和 1 米线 ②基础轴线和基础边线放样弹线		
			3) 粗料石基础立皮数杆 ①按要求立好皮数杆 ②检查皮数杆竖立情况（立正立直、所示标高等）		
		(3) 砌筑粗料石基础	1) 粗料石基础砌筑工艺、操作要点 ①摆底 ②盘角 ③挂线 ④勾缝	(1) 方法：讲授法、讨论法、实训法 (2) 重点：粗料石基础砌筑工艺、操作要点 (3) 难点：粗料石基础砌筑的质量要求	3
			2) 粗料石基础砌筑的质量要求		
	2-2 粗料石墙砌筑	(1) 粗料石墙基本形式、构造及组砌形式	1) 粗料石墙基本形式和构造	(1) 方法：讲授法、演示法、讨论法 (2) 重点：粗料石墙基本形式和构造 (3) 难点：粗料石墙组砌形式	1
			2) 粗料石墙组砌形式		

续表

模块	课程	学习单元	课程内容	培训建议	课堂学时
2. 砌石	2-2 粗料石墙砌筑	（2）粗料石墙砌筑	1）粗料石砌体砌筑工艺、操作要点 ①粗料石墙留槎 ②砌筑粗料石墙转角处与交接处墙体 ③预留粗料石墙洞口 ④粗料石墙勾缝	（1）方法：讲授法、演示法、讨论法 （2）重点：粗料石砌体砌筑工艺、操作要点 （3）难点：粗料石砌体砌筑的质量要求	3
			2）粗料石砌体砌筑的质量要求		
	2-3 粗料石柱砌筑	（1）粗料石柱基本形式、构造及组砌形式	1）粗料石柱基本形式与构造	（1）方法：讲授法、演示法、讨论法 （2）重点：粗料石柱基本形式与构造 （3）难点：粗料石柱组砌形式	2
			2）粗料石柱组砌形式		
		（2）砌筑粗料石柱	1）粗料石柱砌筑工艺、操作要点	（1）方法：讲授法、演示法、实训法 （2）重点：粗料石柱砌筑工艺、操作要点 （3）难点：粗料石柱砌筑的质量要求	3
			2）粗料石柱砌筑的质量要求		
	2-4 粗料石过梁砌筑	（1）砌筑平拱式粗料石过梁	1）平拱式粗料石过梁基本形式与构造	（1）方法：讲授法、讨论法、实训法 （2）重点：平拱式粗料石过梁砌筑工艺、操作要点 （3）难点：平拱式粗料石过梁砌筑的质量要求	6
			2）平拱式粗料石过梁砌筑工艺、操作要点		
			3）平拱式粗料石过梁砌筑的质量要求		
		（2）砌筑圆拱式粗料石过梁	1）圆拱式粗料石过梁基本形式与构造	（1）方法：讲授法、讨论法、案例教学法 （2）重点：圆拱式粗料石过梁基本形式与构造 （3）难点：圆拱式粗料石过梁砌筑工艺、操作要点	6
			2）圆拱式粗料石过梁砌筑工艺、操作要点		
			3）圆拱式粗料石过梁砌筑的质量要求		

续表

模块	课程	学习单元	课程内容	培训建议	课堂学时
3. 小型砌块砌筑	3-1 混凝土小型砌块砌筑	（1）混凝土小型砌块墙基本知识	1）混凝土小型砌块墙的构造	（1）方法：讲授法、讨论法、案例教学法 （2）重点：混凝土小型砌块墙构造与组砌形式 （3）难点：混凝土小型砌块砌筑排列图	3
			2）混凝土小型砌块墙的组砌形式		
			3）混凝土小型砌块砌筑排列图		
			4）混凝土小型砌块墙适用范围		
		（2）砌筑混凝土小型砌块	1）混凝土小型砌块墙砌筑工艺、操作要点 ①混凝土小型砌块墙立皮数杆 ②混凝土小型砌块墙摆砖撂底 ③混凝土小型砌块墙勾缝	（1）方法：讲授法、讨论法、案例教学法 （2）重点：混凝土小型砌块墙砌筑工艺、操作要点 （3）难点：混凝土小型砌块墙砌筑的质量要求	6
			2）混凝土小型砌块墙砌筑的质量要求		
	3-2 加气混凝土小砌块、粉煤切块砌筑	（1）加气混凝土小砌块、粉煤灰砌块基本知识	1）加气混凝土小砌块、粉煤灰砌块的基本形式、构造及组砌形式	（1）方法：讲授法、讨论法、案例教学法 （2）重点：加气混凝土小砌块、粉煤灰砌块的构造和组砌形式 （3）难点：加气混凝土小砌块、粉煤灰砌块砌筑排列图	4
			2）加气混凝土小砌块、粉煤灰砌块砌筑排列图		
		（2）砌筑加气混凝土小砌块、粉煤灰砌块	1）加气混凝土小砌块、粉煤灰砌块砌筑工艺、操作要点 ①加气混凝土小砌块、粉煤灰砌块立皮数杆 ②加气混凝土小砌块、粉煤灰砌块摆砖撂底	（1）方法：讲授法、讨论法、案例教学法 （2）重点：加气混凝土小砌块、粉煤灰砌块工艺、操作要点 （3）难点：加气混凝土小砌块、粉煤灰砌块砌筑的质量要求	6
			2）加气混凝土小砌块、粉煤灰砌块砌筑的质量要求		

续表

模块	课程	学习单元	课程内容	培训建议	课堂学时
4. 配筋砌体砌筑	4-1 组合砖砌体砌筑	(1) 组合砖砌体构造及组砌形式	1）组合砖砌体的基本形式与构造 ①柱、砖垛、砖墙 ②钢筋砖过梁、圈梁 ③复合夹心墙和填心墙	(1) 方法：讲授法、讨论法、案例教学法 (2) 重点：组合砖砌体的基本形式与构造 (3) 难点：组合砖砌体的组砌形式	3
			2）组合砖砌体的组砌形式		
		(2) 砌筑组合砖砌体	1）组合砖砌体砌筑工艺、操作要点 ①砌筑组合砖柱、砖垛、砖墙 ②砌筑钢筋砖过梁 ③砌筑钢筋砖圈梁 ④砌筑复合夹心墙 ⑤砌筑填心墙	(1) 方法：讲授法、讨论法、实训法 (2) 重点：组合砖砌体砌筑工艺、操作要点 (3) 难点：组合砖砌体砌筑的质量要求	6
			2）组合砖砌体砌筑的质量要求		
	4-2 网状配筋砖砌体砌筑	(1) 网状配筋砖砌体基本形式、构造及组砌形式	1）网状配筋砖砌体基本形式与构造	(1) 方法：讲授法、讨论法、案例教学法 (2) 重点：网状配筋砖砌体基本形式与构造 (3) 难点：网状配筋砖砌体组砌形式	3
			2）网状配筋砖砌体组砌形式		
		(2) 砌筑网状配筋砖砌体	1）网状配筋砖砌体砌筑工艺、操作要点 ①砌筑网状配筋砖柱 ②砌筑网状配筋砖墙	(1) 方法：讲授法、讨论法、实训法 (2) 重点：网状配筋砖砌体砌筑工艺、操作要点 (3) 难点：网状配筋砖砌体砌筑的质量要求	6
			2）网状配筋砖砌体砌筑的质量要求		

续表

模块	课程	学习单元	课程内容	培训建议	课堂学时
4. 配筋砌体砌筑	4-3 配筋小砌块砌体砌筑	（1）配筋小砌块砌体基本形式、构造及组砌形式	1）配筋小砌块砌体基本形式与构造 2）配筋小砌块砌体组砌形式	（1）方法：讲授法、讨论法、案例教学法 （2）重点：配筋小砌块砌体基本形式与构造 （3）难点：配筋小砌块砌体组砌形式	2
		（2）砌筑配筋小砌块砌体	1）配筋小砌块砌体砌筑工艺、操作要点 ①砌筑配筋小砌块柱 ②砌筑配筋小砌块墙 ③施工芯柱，灌注混凝土 2）配筋小砌块砌体砌筑的质量要求	（1）方法：讲授法、讨论法、实训法 （2）重点：配筋小砌块砌体砌筑工艺、操作要点 （3）难点：配筋小砌块砌体砌筑的质量要求	6
5. 屋面瓦铺挂	5-1 平瓦屋面铺筑	（1）平瓦屋面细部构造及适用范围	1）平瓦屋面细部构造 2）平瓦屋面适用范围	（1）方法：讲授法、讨论法、案例教学法 （2）重点：平瓦屋面细部构造 （3）难点：平瓦屋面适用范围	3
		（2）铺筑平瓦屋面细部构造	1）平瓦屋面细部构造铺筑工艺、操作要点 ①铺檐口平瓦 ②铺脊瓦平瓦 ③做平瓦屋面天沟 ④做斜脊与泛水 2）平瓦屋面细部构造铺筑的质量要求	（1）方法：讲授法、讨论法、实训法 （2）重点：平瓦屋面细部构造铺筑工艺、操作要点 （3）难点：平瓦屋面细部构造铺筑的质量要求	6

续表

模块	课程	学习单元	课程内容	培训建议	课堂学时
5. 屋面瓦铺挂	5-2 小青瓦屋面铺筑	（1）小青瓦屋面细部构造及适用范围	1）小青瓦屋面细部构造	（1）方法：讲授法、讨论法、案例教学法 （2）重点：小青瓦屋面细部构造 （3）难点：小青瓦屋面适用范围	3
			2）小青瓦屋面适用范围		
		（2）铺筑小青瓦屋面细部构造	1）小青瓦屋面细部构造铺筑工艺、操作要点 ①铺檐口小青瓦 ②铺脊瓦小青瓦 ③做小青瓦屋面天沟 ④做斜脊与泛水	（1）方法：讲授法、讨论法、实训法 （2）重点：小青瓦屋面细部构造铺筑工艺、操作要点 （3）难点：小青瓦屋面细部构造铺筑的质量要求	6
			2）小青瓦屋面细部构造铺筑的质量要求		
	5-3 筒瓦屋面铺筑	（1）筒瓦屋面细部构造、适用范围及摆筒瓦	1）筒瓦及筒瓦屋面细部构造	（1）方法：讲授法、案例教学法 （2）重点与难点：筒瓦屋面细部构造，摆筒瓦	2
			2）筒瓦屋面适用范围		
			3）摆筒瓦的方法		
		（2）铺筑筒瓦屋面细部构造	1）筒瓦屋面铺筑工艺、操作要点 ①铺底筒瓦、盖筒瓦、滴水筒瓦及勾头筒瓦 ②分垄、筑脊的铺筑 ③做筒瓦屋面天沟 ④做斜脊与泛水	（1）方法：讲授法、讨论法、实训法 （2）重点：筒瓦屋面铺筑工艺、操作要点 （3）难点：筒瓦屋面铺筑的质量要求	6
			2）筒瓦屋面铺筑的质量要求		
课堂学时合计					130

2.2.4 三级 / 高级职业技能培训课程规范

模块	课程	学习单元	课程内容	培训建议	课堂学时
1. 砌砖	1-1 砖墙砌筑	（1）构造柱边的处理	1）抗震的要求	（1）方法：讲授法、实训法 （2）重点与难点：构造柱的砌筑操作要点及质量要求	4
			2）构造柱配筋要求		
			3）构造柱的砌筑工艺、操作要点		
			4）构造柱的质量要求		
		（2）梁底和板底砖的处理	1）梁底和板底砖的处理工艺	（1）方法：讲授法 （2）重点与难点：梁底和板底砖的处理工艺及质量要求	4
			2）梁底和板底砖的处理的质量要求		
			3）楼层外墙的砌筑工艺、操作要点		
			4）楼层砌筑的施工影响因素		
			5）楼层砌筑的安全问题		
		（3）封山的砌筑	1）封山的形式	（1）方法：讲授法、实训法 （2）重点与难点：平封山、高封山的砌筑工艺、操作要点及质量要求	4
			2）平封山的砌筑工艺、操作要点		
			3）高封山的砌筑工艺、操作要点		
			4）封山的质量要求		
		（4）出檐的砌筑	1）封檐的砌筑工艺、操作要点	（1）方法：讲授法、实训法 （2）重点与难点：出檐砌筑工艺、操作要点及质量要求	4
			2）拔檐的砌筑工艺、操作要点		
			3）出檐的质量要求		

续表

模块	课程	学习单元	课程内容	培训建议	课堂学时
1. 砌砖	1–2　清水墙砌筑	（1）清水墙一般知识	1）清水墙的材料与性能要求	（1）方法：讲授法 （2）重点与难点：清水墙性能要求	1
			2）清水墙组砌形式与构造		
		（2）清水墙的摆砖撂底	1）清水墙的摆砖	（1）方法：讲授法、实训法 （2）重点与难点：清水墙的摆砖撂底	3
			2）清水墙的撂底		
			3）清水墙质量要求		
		（3）清水墙的盘角挂线	1）盘角的工艺、操作要点	（1）方法：讲授法、实训法 （2）重点与难点：盘角的工艺及质量要求	4
			2）水平灰缝的控制		
			3）盘角的质量要求		
			4）挂线的方法		
			5）墙面平整的控制方法		
		（4）清水墙的砌筑	1）清水墙砌筑工艺、操作要点	（1）方法：讲授法、实训法 （2）重点与难点：各类清水墙构造的工艺、操作要点及质量要求	4
			2）清水墙墙角的砌筑工艺、操作要点		
			3）清水墙腰线的砌筑工艺、操作要点		
			4）清水墙花棚的砌筑工艺、操作要点		
			5）清水墙栏杆的砌筑工艺、操作要点		
			6）清水墙跺、门窗垛的砌筑工艺、操作要点		
			7）清水墙砌筑的质量要求		

续表

模块	课程	学习单元	课程内容	培训建议	课堂学时
1. 砌砖	1-2　清水墙砌筑	（5）清水墙勾缝	1）清水墙的要求	（1）方法：讲授法、实训法 （2）重点与难点：各类形式勾缝的工艺、操作要点及质量要求	4
			2）平缝的工艺、操作要点		
			3）凹缝的工艺、操作要点		
			4）斜缝的工艺、操作要点		
			5）凸缝的工艺、操作要点		
			6）各类形式勾缝的质量要点		
	1-3　筒拱砌筑	（1）单曲筒拱的砌筑	1）单曲筒拱的组砌形式	（1）方法：讲授法、实训法 （2）重点与难点：单曲筒拱砌筑工艺、操作要点及质量要求	2
			2）单曲筒拱的砌筑工艺、操作要点		
			3）单曲筒拱的质量要求		
		（2）双曲筒拱的砌筑	1）双曲筒拱的组砌形式	（1）方法：讲授法、实训法 （2）重点与难点：双曲筒拱砌筑工艺、操作要点及质量要求	2
			2）双曲筒拱的砌筑工艺、操作要点		
			3）双曲筒拱的质量要求		
		（3）窗台和窗间墙的砌筑	1）窗台砌筑工艺、操作要点	（1）方法：讲授法、实训法 （2）重点与难点：窗台、窗间墙的砌筑工艺及质量要求	2
			2）窗间墙的砌筑工艺、操作要点		
			3）窗台、窗间墙的质量要求		
	1-4　花饰墙砌筑	（1）花饰墙砌筑的准备工作	1）花饰墙砌筑材料的选择	（1）方法：讲授法 （2）重点与难点：花饰墙的材料与性能要求，图案编排及放样	2
			2）花饰墙施工放样		
			3）编排花饰墙图案并确定搭砌顺序		

续表

模块	课程	学习单元	课程内容	培训建议	课堂学时
1. 砌砖	1–4　花饰墙砌筑	（2）花饰墙的组砌与偏差调整	1）花饰墙的组砌形式 2）花饰墙的组砌方法 3）检查修正花饰墙体偏差 4）花饰墙的质量要求	（1）方法：讲授法、实训法 （2）重点：花饰墙组砌形式与构造 （3）难点：砌筑工艺、操作要点及质量要求	2
		（3）花饰墙的勾缝	1）花饰墙平缝的工艺、操作要点 2）花饰墙凹缝的工艺、操作要点 3）花饰墙斜缝的工艺、操作要点 4）花饰墙凸缝的工艺、操作要点 5）各类形式花饰墙勾缝的质量要点	（1）方法：讲授法、实训法 （2）重点与难点：各类形式勾缝的工艺、操作要点及质量要求	2
2. 砌石	2–1　细料石柱砌筑	（1）细料石柱的砌筑	1）细料石的选材 2）细料石柱基本形式与构造 3）细料石柱组砌形式 4）细料石柱砌筑工艺、操作要点 5）细料石柱质量要求	（1）方法：讲授法、实训法 （2）重点与难点：细料石柱的组砌形式和操作要点	1
	2–2　细料石墙砌筑	（1）细料石墙的砌筑	1）细料石墙的基本形式与构造 2）细料石墙的砌筑工艺、操作要点 3）细料石墙的质量要求	（1）方法：讲授法 （2）重点与难点：细料石墙的砌筑工艺、操作要点	1

续表

模块	课程	学习单元	课程内容	培训建议	课堂学时
3. 炉灶砌筑	3-1 炉灶基础砌筑	（1）炉灶基础砌筑准备工作	1）炉灶耐火砖的选材	（1）方法：讲授法 （2）重点：炉灶耐火砖材料 （3）难点：炉灶基础组砌形式	1
			2）炉灶基础定位放线		
			3）炉灶基础的组砌形式		
			4）各类炉灶的形式		
		（2）炉灶基础的砌筑	1）炉灶基础的砌筑工艺、操作要点	（1）方法：讲授法、实训法 （2）重点与难点：炉灶基础砌筑的工艺、操作要点及质量要求	1
			2）炉灶基础的收退		
			3）炉灶基础砌筑质量要求		
	3-2 炉灶墙身砌筑	（1）炉灶墙身组砌形式	1）炉灶墙身的构造及组砌形式	（1）方法：讲授法 （2）重点与难点：炉灶墙身的砌筑工艺、操作要点	1
			2）炉灶墙身的砌筑工艺、操作要点		
			3）炉灶墙身的质量要求		
		（2）炉灶墙特殊部位的处理	1）炉灶墙附件预埋的方法	（1）方法：讲授法、实训法 （2）重点与难点：炉灶墙特殊部位的处理	1
			2）炉灶墙洞口与膨胀缝预留的方法		
			3）炉灶墙保温材料的填充		
			4）管道与炉灶墙身接缝密封的方法		

续表

模块	课程	学习单元	课程内容	培训建议	课堂学时
4. 班组管理	4-1　生产计划	（1）砌筑班组周（旬）生产计划的编制与实施	1）班组砌筑施工劳动力计划的编制与实施 ①各施工阶段劳动力数量的计算 ②编制各施工阶段劳动力配制计划 2）班组砌筑施工材料计划的编制与实施 ①编制主要工程材料配制计划 ②编制施工主要周转材料配制计划 3）班组砌筑施工设备计划的编制与实施 ①施工机械设备选用的原则 ②各施工阶段施工机械台班数量的计算 ③编制施工主要设备的配制计划 ④编制施工机具的配制计划 4）班组砌筑施工进度计划的编制与实施 ①施工进度计划编制的依据 ②施工进度计划的编制程序 ③施工进度计划的编制 ④施工进度计划的检查与调整	（1）方法：讲授法 （2）重点与难点：班组计划的编制和各类施工要素的管理	1

续表

模块	课程	学习单元	课程内容	培训建议	课堂学时
4. 班组管理	4-1　生产计划	（1）砌筑班组周（旬）生产计划的编制与实施	5）班组砌筑施工现场计划的编制与实施 ①施工现场平面图的布置 ②施工现场机械设备的管理 ③施工现场材料的管理	（1）方法：讲授法 （2）重点与难点：班组计划的编制和各类施工要素的管理	1
	4-2　开展技术活动	（1）班组砌筑施工技术交底	1）班组砌筑施工技术交底的流程 ①施工员进行技术交底 ②班组内部技术交底	（1）方法：讲授法 （2）重点与难点：班组砌筑施工技术交底	1
			2）班组砌筑施工技术交底的内容 ①技术要求 ②技术措施 ③施工质量要求 ④施工安全注意事项		
		（2）班组施工记录的填写和收集	1）班组施工部位的填写	（1）方法：讲授法 （2）重点与难点：班组施工记录的填写和收集	1
			2）班组施工工作内容的填写		
			3）班组施工安全生产活动内容的填写		
			4）班组施工记录的收集		

续表

模块	课程	学习单元	课程内容	培训建议	课堂学时
4. 班组管理	4-3　质量管理	（1）砌体结构的质量管理	1）砌体结构设计规范 ①砌体结构一般构造要求 ②圈梁、墙梁、连梁及挑梁的构造设置要求 ③配筋砖砌体的构造要求 ④配筋砌块砌体构造规定	（1）方法：讲授法 （2）重点与难点：砌体结构工程施工规范和施工质量验收规范	1
			2）砌体结构工程施工规范 ①原材料的要求 ②砌筑砂浆的施工要求 ③各类砌体的施工要求 ④冬期与雨期施工要求 ⑤安全与环保施工要求		
			3）砌体结构工程施工质量验收规范 ①砌筑砂浆的验收要求 ②各类砌体工程的施工质量验收要求 ③冬期质量验收要求		
		（2）砌筑成品保护措施的制定	1）砌筑成品保护措施的一般规定	（1）方法：讲授法 （2）重点与难点：砌筑成品保护措施的一般规定	1
			2）恶劣天气条件下砌筑成品保护措施的制定		
			3）临时搭设的支撑、模板的拆除要求		

续表

模块	课程	学习单元	课程内容	培训建议	课堂学时
4. 班组管理	4-3　质量管理	（3）班组自检和互检工作的开展	1）尺寸的自检与互检	（1）方法：讲授法 （2）重点与难点：班组内自检与互检的工作内容	1
			2）垂直度的自检与互检		
			3）平整度的自检与互检		
			4）灰缝平直度的自检与互检		
		（4）砌筑质量缺陷的修复	1）砌筑质量缺陷的成因 ①常见问题的成因 ②成因分析方法	（1）方法：讲授法 （2）重点与难点：砌筑质量缺陷修复的实施	1
			2）质量缺陷的处理 ①处理方式 ②处理程序		
			3）砌筑质量缺陷修复的实施 ①制定修复方案 ②修复的质量控制指标和验收标准		
	4-4　安全施工	（1）砌筑施工安全技术交底	1）安全技术交底及其作用	（1）方法：讲授法 （2）重点与难点：砌筑施工安全技术交底的实施	1
			2）安全技术交底的基本要求		
			3）安全技术交底的主要内容 ①安全操作规程和标准 ②安全注意事项 ③个人防护措施 ④应急预案		
			4）安全技术交底的实施		
			5）安全技术交底的记录		

续表

模块	课程	学习单元	课程内容	培训建议	课堂学时
4. 班组管理	4-4　安全施工	（2）砌筑施工安全检查与验收	1）砌筑施工安全检查 ①安全检查的目的和意义 ②安全检查的形式 ③安全检查的内容 ④安全检查的方法 ⑤安全检查评分标准	（1）方法：讲授法 （2）重点与难点：班组砌筑安全检查与验收	1
			2）砌筑施工安全验收 ①安全验收人员的确定 ②安全验收的范围 ③安全验收的程序		
	4-5　工料与经济核算	（1）班组施工用料台账的记录	1）班组施工用料台账的种类	（1）方法：讲授法 （2）重点与难点：班组施工用料台账的填写要求	1
			2）班组施工用料台账的作用		
			3）班组施工用料台账的填写要求		
		（2）班组用工和考勤制度的制定	1）班组用工制度的制定 ①长期用工的管理 ②临时用工的管理	（1）方法：讲授法 （2）重点与难点：班组考勤制度的制定	1
			2）班组考勤制度的制定 ①工作时间的规定 ②加班的规定 ③假期的规定		

续表

模块	课程	学习单元	课程内容	培训建议	课堂学时
4. 班组管理	4–5　工料与经济核算	（3）班组成本核算	1）成本核算的内容	（1）方法：讲授法 （2）重点与难点：班组成本核算	1
			2）成本核算的对象		
			3）成本核算的任务和要求		
			4）成本核算的程序		
5. 教育培训	5–1　技能培训	（1）实操指导	1）指导五级 / 初级、四级 / 中级工学习砌筑施工工艺标准	（1）方法：讲授法 （2）重点与难点：指导五级 / 初级、四级 / 中级工学习砌筑施工工艺标准和施工工法	2
			2）指导五级 / 初级、四级 / 中级工学习砌筑施工工法		
			3）指导五级 / 初级、四级 / 中级工学习工具、设备使用方法		
			4）技能培训实例		
		（2）编制技能培训计划	1）编制技能培训计划的意义	（1）方法：讲授法 （2）重点与难点：编制五级 / 初级、四级 / 中级工技能培训计划	2
			2）技能培训计划的编制方法		
			3）技能培训计划编制案例		
	5–2　理论培训	（1）理论培训	1）指导五级 / 初级、四级 / 中级工学习砌筑技术	（1）方法：讲授法 （2）重点与难点：指导五级 / 初级、四级 / 中级工学习并掌握砌筑技术和工具、设备使用性能	2
			2）指导五级 / 初级、四级 / 中级工学习砌筑工具和设备使用方法和性能		
			3）理论培训实例		

续表

模块	课程	学习单元	课程内容	培训建议	课堂学时
5. 教育培训	5–2 理论培训	（2）编制理论培训计划	1）编制理论培训计划的意义	（1）方法：讲授法 （2）重点与难点：理论培训计划的编制	2
			2）编制理论培训计划的方法		
			3）理论培训计划编制案例		
课堂学时合计					70

2.2.5 培训建议中培训方法说明

1. 讲授法

讲授法指教师主要运用语言方式，系统地向培训学员传授知识，传播思想观念。即教师通过叙述，描绘、解释、推论来传递信息、传授知识，阐明概念、论证定律和公式，引导学员获得知识，认识和分析问题。

2. 讨论法

讨论法指在教师的指导下，学员以班级或小组为单位，围绕学习单元的内容，对某一专题进行深入探讨，通过讨论或辩论活动，从而获得知识或巩固知识的一种教学方法，要求教师在讨论结束时对讨论的主题做归纳性总结。

3. 实训 (练习) 法

实训（练习）法指学员在教师的指导下，巩固知识、运用知识、形成技能技巧的方法。

4. 演示法

演示法指在教学过程中，教师通过示范操作和讲解使学员获得知识、技能的教学方法。教学中，教师对操作内容进行现场演示，边操作边讲解，强调操作的关键步骤和注意事项，使学员边学边做，理论与技能并重，师生互动，提高学生的学习兴趣和学习效率。

5. 案例教学法

案例教学法指通过对案例进行分析，提出问题，分析问题，并找到解决问题的途径和手段，培养学员分析问题、独立处理问题的能力。

6. 实物示教法

实物示教法指教师通过实物的操作演示或对学员实物操作演示的评价，实现对学员技能操作步骤和要领掌握情况的检查、纠错、修正，并演示正确的操作方法的一种教学方法。

2.3 考核规范

2.3.1 职业基本素质培训考核规范

考核范围	考核比重（%）	考核内容	考核比重（%）	考核单元
1. 职业认知与职业道德	10	1-1 职业认知	5	（1）职业认知
		1-2 职业道德基本知识	5	（1）职业道德与职业守则
2. 基础知识	90	2-1 识图与构造知识	20	（1）识图与构造知识
		2-2 砌筑材料知识	20	（1）砌筑材料知识
		2-3 砌筑工具、设备知识	20	（1）砌筑工具、设备知识
		2-4 安全生产和环境保护知识	20	（1）安全生产和环境保护知识
		2-5 相关法律法规知识	10	（1）相关法律法规知识

2.3.2 五级 / 初级职业技能培训理论知识考核规范

考核范围	考核比重（%）	考核内容	考核比重（%）	考核单元
1. 砌筑砂浆拌制与使用	30	1-1 砌筑砂浆配料	10	（1）砌筑砂浆材料质量的鉴别
				（2）砌筑砂浆配合比的设计
				（3）计量器具的使用
		1-2 砌筑砂浆搅拌	10	（1）砌筑砂浆的投料及搅拌
				（2）砌筑砂浆的搅拌方法
		1-3 砌筑砂浆使用	10	（1）砌筑砂浆的储存与使用要求
				（2）砌筑砂浆的技术性能

续表

考核范围	考核比重（%）	考核内容	考核比重（%）	考核单元
2. 砌砖	30	2-1　砖基础砌筑	8	（1）砌筑砖基础材料
				（2）砌筑砖基础工具
				（3）垫层的修正
				（4）中间墙的砌筑
				（5）基础墙的砌筑
				（6）防潮层的做法
		2-2　实心砖、多孔砖砖墙砌筑	8	（1）实心砖、多孔砖墙墙身、留槎、接槎的砌筑
				（2）门窗洞口的砌筑
				（3）楼层墙的砌筑
				（4）构造柱的砌筑
		2-3　空斗墙砌筑	7	（1）空斗墙的砌筑
				（2）空斗墙交接部位的砌筑
				（3）空斗墙门窗洞、墙顶、墙柱连接的砌筑
		2-4　空心砖墙砌筑	7	（1）空心砖的材料及构造
				（2）空心砖墙身的砌筑
				（3）空心墙交接部位的砌筑
				（4）空心墙门窗、墙顶、墙柱连接的砌筑
3. 砌石	10	3-1　毛石基础砌筑	5	（1）毛石的材料及构造
				（2）筑角石的砌筑
				（3）拉结石的砌筑
				（4）正墙的砌筑
				（5）毛石基础的砌筑
				（6）收退基础的砌筑
		3-2　毛石墙砌筑	5	（1）毛石墙的组砌形式与构造
				（2）毛石墙的砌筑
				（3）组合墙的砌筑
				（4）挡土墙的砌筑

续表

考核范围	考核比重（%）	考核内容	考核比重（%）	考核单元
4. 小型砌块砌筑	20	4-1　混凝土小型砌块砌筑	10	（1）混凝土小型砌块材料
				（2）混凝土小型砌块的铺灰、灌孔
				（3）混凝土小型砌块墙身的砌筑
				（4）混凝土小型砌块交接部位的砌筑
				（5）混凝土小型砌块填充墙的砌筑
				（6）混凝土小型砌块构造柱的砌筑
				（7）芯柱的砌筑
		4-2　加气混凝土小砌块、粉煤灰砌块砌筑	10	（1）加气混凝土小砌块、粉煤灰砌块材料
				（2）加气混凝土小砌块、粉煤灰砌块的铺灰、灌缝、镶砖
				（3）加气混凝土小砌块、粉煤灰砌块墙身的砌筑
				（4）加气混凝土小砌块、粉煤灰砌块交接部位的砌筑
				（5）加气混凝土小砌块、粉煤灰砌块填充墙的砌筑
				（6）加气混凝土小砌块、粉煤灰砌块构造柱的砌筑
5. 屋面瓦铺挂	10	5-1　平瓦屋面铺筑	5	（1）平瓦的选择
				（2）平瓦屋面的构造
				（3）摆平瓦
				（4）挂平瓦
				（5）平瓦屋面的铺筑
		5-2　小青瓦屋面铺筑	5	（1）小青瓦的选择
				（2）小青瓦屋面的构造
				（3）摆小青瓦
				（4）挂小青瓦
				（5）小青瓦屋面的铺筑

2.3.3　五级 / 初级职业技能培训操作技能考核规范

考核范围	考核比重（%）	考核内容	考核比重（%）	考核形式	选考方式	考核时间（分钟）	重要程度
1. 砌筑砂浆拌制与使用	30	1-1　砌筑砂浆配料	10	实操	必考	90	X
		1-2　砌筑砂浆搅拌	10				
		1-3　砌筑砂浆使用	10				
2. 砌砖	30	2-1　砖基础砌筑	8	实操	必考	90	X
		2-2　实心砖、多孔砖砖墙砌筑	8				
		2-3　空斗墙砌筑	7				
		2-4　空心砖墙砌筑	7				
3. 砌石	10	3-1　毛石基础砌筑	5	实操	必考	60	Y
		3-2　毛石墙砌筑	5				
4. 小型砌块砌筑	20	4-1　混凝土小型砌块砌筑	10	实操	必考	90	X
		4-2　加气混凝土小砌块、粉煤灰砌块砌筑	10				
5. 屋面瓦铺挂	10	5-1　平瓦屋面铺筑	5	实操	必考	60	Y
		5-2　小青瓦屋面铺筑	5				

2.3.4　四级 / 中级职业技能培训理论知识考核规范

考核范围	考核比重（%）	考核内容	考核比重（%）	考核单元
1. 砌砖	30	1-1　砖基础砌筑	4	（1）砖基础的组砌形式
				（2）砖基础放样
				（3）砖基础摆砖撂底
				（4）砖基础盘角与收退
		1-2　实心砖、多孔砖墙砌筑	4	（1）实心砖、多孔砖墙组砌形式和接头方式
				（2）实心砖、多孔砖墙放样
				（3）实心砖、多孔砖墙盘角挂线
				（4）实心砖、多孔砖墙摆砖撂底
				（5）实心砖、多孔砖墙勾缝

续表

考核范围	考核比重（%）	考核内容	考核比重（%）	考核单元
1. 砌砖		1-3　砖柱砌筑	4	（1）砖柱基本构造及组砌形式
				（2）砌筑独立砖柱、扶壁柱
		1-4　砖过梁砌筑	4	（1）砌筑平拱式过梁
				（2）砌筑弧拱式过梁
				（3）砌筑平砌式过梁
		1-5　空斗墙砌筑	4	（1）空斗墙基本知识
				（2）砌筑空斗墙
		1-6　空心砖墙砌筑	4	（1）空心砖墙基本构造及组砌形式
				（2）空心砖墙摆砖撂底
		1-7　筒拱砌筑	3	（1）筒拱基本形式、构造及组砌形式
				（2）砌筑筒拱
		1-8　异形砖墙砌筑	3	（1）砌筑异形砖墙
				（2）砌筑多角形砖墙
				（3）砌筑弧形砖缝
2. 砌石	20	2-1　粗料石基础砌筑	5	（1）粗料石基础基本构造及组砌形式
				（2）粗料石基础放样
				（3）砌筑粗料石基础
		2-2　粗料石墙砌筑	5	（1）粗料石墙基本形式、构造及组砌形式
				（2）粗料石墙砌筑
		2-3　粗料石柱砌筑	5	（1）粗料石柱基本形式、构造及组砌形式
				（2）砌筑粗料石柱
		2-4　粗料石过梁砌筑	5	（1）砌筑平拱式粗料石过梁
				（2）砌筑圆拱式粗料石过梁
3. 小型砌块砌筑	10	3-1　混凝土小型砌块砌筑	5	（1）混凝土小型砌块墙基本知识
				（2）砌筑混凝土小型砌块
		3-2　加气混凝土小砌块、粉煤灰砌块砌筑	5	（1）加气混凝土小砌块、粉煤灰砌块基本知识
				（2）砌筑加气混凝土小砌块、粉煤灰砌块

续表

考核范围	考核比重（%）	考核内容	考核比重（%）	考核单元
4. 配筋砌体砌筑	20	4-1　组合砖砌体砌筑	8	（1）组合砖砌体构造及组砌形式
				（2）砌筑组合砖砌体
		4-2　网状配筋砖砌体砌筑	6	（1）网状配筋砖砌体基本形式、构造及组砌形式
				（2）砌筑网状配筋砖砌体
		4-3　配筋小砌块砌体砌筑	6	（1）配筋小砌块砌体基本形式、构造及组砌形式
				（2）砌筑配筋小砌块砌体
5. 屋面瓦铺挂	20	5-1　平瓦屋面铺筑	7	（1）平瓦屋面细部构造及适用范围
				（2）铺筑平瓦屋面细部构造
		5-2　小青瓦屋面铺筑	7	（1）小青瓦屋面细部构造及适用范围
				（2）铺筑小青瓦屋面细部构造
		5-3　筒瓦屋面铺筑	6	（1）筒瓦屋面细部构造、适用范围及摆筒瓦
				（2）铺筑筒瓦屋面细部构造

2.3.5　四级 / 中级职业技能培训操作技能考核规范

考核范围	考核比重（%）	考核内容	考核比重（%）	考核形式	选考方式	考核时间（分钟）	重要程度
1. 砌砖	25	1-1　砖基础砌筑	4	实操	必考	90	X
		1-2　实心砖、多孔砖墙砌筑	4	实操	必考	90	X
		1-3　砖柱砌筑	4	实操	必考	60	X
		1-4　砖过梁砌筑	3	实操	必考	90	X
		1-5　空斗墙砌筑	3	实操	选考	90	Y
		1-6　空心砖墙砌筑	3	实操	选考	90	Y
		1-7　筒拱砌筑	2	实操	选考	60	Y
		1-8　异形砖墙砌筑	2	实操	选考	90	Z

续表

考核范围	考核比重（%）	考核内容	考核比重（%）	考核形式	选考方式	考核时间（分钟）	重要程度
2. 砌石	20	2-1　粗料石基础砌筑	5	实操	必考	90	X
		2-2　粗料石墙砌筑	5	实操	必考	90	X
		2-3　粗料石柱砌筑	5	实操	选考	60	Y
		2-4　粗料石过梁砌筑	5	实操	选考	60	Z
3. 小型砌块砌筑	15	3-1　混凝土小型砌块砌筑	8	实操	必考	90	X
		3-2　加气混凝土小砌块、粉煤灰砌块砌筑	7	实操	选考	90	Y
4. 配筋砌体砌筑	20	4-1　组合砖砌体砌筑	8	实操	必考	90	X
		4-2　网状配筋砖砌体砌筑	8	实操	必考	90	X
		4-3　配筋小砌块砌体砌筑	4	实操	选考	90	Y
5. 屋面瓦铺挂	20	5-1　平瓦屋面铺筑	10	实操	必考	60	X
		5-2　小青瓦屋面铺筑	6	实操	选考	60	Y
		5-3　筒瓦屋面铺筑	4	实操	选考	60	Z

2.3.6　三级 / 高级职业技能培训理论知识考核规范

考核范围	考核比重（%）	考核内容	考核比重（%）	考核单元
1. 砌砖	40	1-1　砖墙砌筑	14	（1）构造柱边的处理
				（2）梁底和板底砖的处理
				（3）封山的砌筑
				（4）出檐的砌筑
		1-2　清水墙砌筑	14	（1）清水墙一般知识
				（2）清水墙的摆砖撂底
				（3）清水墙的盘角挂线
				（4）清水墙特殊部位的砌筑
				（5）清水墙勾缝
		1-3　筒拱砌筑	6	（1）单曲筒拱的砌筑
				（2）双曲筒拱的砌筑
				（3）窗台和窗间墙的砌筑

续表

考核范围	考核比重（%）	考核内容	考核比重（%）	考核单元
1. 砌砖		1-4　花饰墙砌筑	6	（1）花饰墙砌筑的准备工作
				（2）花饰墙的组砌与偏差调整
				（3）花饰墙的勾缝
2. 砌石	15	2-1　细料石柱砌筑	7	（1）细料石柱的砌筑
		2-2　细料石墙砌筑	8	（1）细料石墙的砌筑
3. 炉灶砌筑	15	3-1　炉灶基础砌筑	7	（1）炉灶基础砌筑准备工作
				（2）炉灶基础的砌筑
		3-2　炉灶墙身砌筑	8	（1）炉灶墙身组砌形式
				（2）炉灶墙特殊部位的处理
4. 班组管理	15	4-1　生产计划	3	（1）砌筑班组周（旬）生产计划的编制与实施
		4-2　开展技术活动	3	（1）班组砌筑施工技术交底
				（2）班组施工记录的填写和收集
		4-3　质量管理	3	（1）砌体结构的质量管理
				（2）砌筑成品保护措施的制定
				（3）班组自检和互检工作的开展
				（4）砌筑成品缺陷的加固修复
		4-4　安全施工	3	（1）砌筑施工安全技术交底
				（2）砌筑施工安全检查与验收
		4-5　工料与经济核算	3	（1）班组施工用料台账的记录
				（2）班组用工和考勤制度的制定
				（3）班组成本核算
5. 教育培训	15	5-1　技能培训	10	（1）实操指导
				（2）编制技能培训计划
		5-2　理论培训	5	（1）理论培训
				（2）编制理论培训计划

2.3.7　三级/高级职业技能培训操作技能考核规范

考核范围	考核比重（%）	考核内容	考核比重（%）	考核形式	选考方式	考核时间（分钟）	重要程度
1. 砌砖	40	1–1　砖墙砌筑	14	实操	必考	90	X
		1–2　清水墙砌筑	14	实操	必考	90	X
		1–3　筒拱砌筑	6	实操	选考	60	Y
		1–4　花饰墙砌筑	6	实操	选考	60	X
2. 砌石	15	2–1　细料石柱砌筑	7	实操	选考	60	Y
		2–2　细料石墙砌筑	8	实操	选考	60	Y
3. 炉灶砌筑	15	3–1　炉灶基础砌筑	7	实操	选考	60	Y
		3–2　炉灶墙身砌筑	8	实操	选考	60	Y
4. 班组管理	15	4–1　生产计划	3	笔试	必考	90	Y
		4–2　开展技术活动	3	笔试	必考		Y
		4–3　质量管理	3	笔试	必考		Y
		4–4　安全施工	3	笔试	必考		Y
		4–5　工料与经济核算	3	笔试	必考		Y
5. 教育培训	15	5–1　技能培训	10	口试 + 笔试	必考	90	Y
		5–2　理论培训	5	口试 + 笔试	必考		Y

附录

培训要求与课程规范对照表

附录 1　职业基本素质培训要求与课程规范对照表

<table>
<tr><th colspan="3">2.1.1　职业基本素质培训要求</th><th colspan="4">2.2.1　职业基本素质课程规范</th></tr>
<tr><th>职业基本素质模块（模块）</th><th>培训内容（课程）</th><th>培训细目</th><th>学习单元</th><th>课程内容</th><th>培训建议</th><th>课堂学时</th></tr>
<tr><td rowspan="4">1. 职业认知与职业道德</td><td rowspan="2">1–1　职业认知</td><td rowspan="2">（1）建筑行业简介
（2）砌筑工的认知</td><td rowspan="2">（1）职业认知</td><td>1）建筑行业简介
①建筑业的定义
②建筑行业的现状与发展</td><td rowspan="2">（1）方法：讲授法、案例教学法
（2）重点与难点：砌筑工的工作内容</td><td rowspan="2">1</td></tr>
<tr><td>2）砌筑工的认知
①砌筑工的工作内容
②常见的砌筑工艺流程
③砖砌体的传统操作方法
④与砌筑相关的施工测量知识</td></tr>
<tr><td rowspan="2">1–2　职业道德基本知识</td><td rowspan="2">（1）职业道德
（2）职业守则</td><td rowspan="2">（1）职业道德与职业守则</td><td>1）职业道德
①道德与职业道德的概念
②各行业共同的职业道德
③工作态度、砌筑质量、职业道德三者的关系
④加强职业道德修养</td><td rowspan="2">（1）方法：讲授法、案例教学法
（2）重点：砌筑工职业守则
（3）难点：砌筑工职业守则的遵守</td><td rowspan="2">2</td></tr>
<tr><td>2）砌筑工职业守则
①遵守相关法律法规和规定
②爱岗敬业，忠于职守，诚实守信
③认真负责，严于律己
④努力学习，钻研业务，奉献社会
⑤谦虚谨慎，团结协作
⑥严格执行工艺文件，质量意识强
⑦重视安全生产，环保意识强</td></tr>
</table>

续表

<table>
<tr><th colspan="3">2.1.1 职业基本素质培训要求</th><th colspan="4">2.2.1 职业基本素质课程规范</th></tr>
<tr><th>职业基本素质模块（模块）</th><th>培训内容（课程）</th><th>培训细目</th><th>学习单元</th><th>课程内容</th><th>培训建议</th><th>课堂学时</th></tr>
<tr><td rowspan="6">2. 基础知识</td><td rowspan="4">2-1 识图与构造知识</td><td rowspan="4">（1）一般建筑工程施工图的识读
（2）砌筑工程各部位构造的一般知识
（3）砌筑工程抗震设防构造的一般知识
（4）砌筑工程受力的一般知识</td><td rowspan="4">（1）识图与构造知识</td><td>1）一般建筑工程施工图的识读
①建筑平面图、建筑立面图、建筑剖面图、建筑详图的识读
②结构施工图的识读
③标准图的识读</td><td rowspan="4">（1）方法：讲授法、案例教学法
（2）重点与难点：砌筑工程抗震设防构造的一般知识</td><td rowspan="4">15</td></tr>
<tr><td>2）砌筑工程各部位构造的一般知识
①砖基础
②砖墙
③砖柱
④砖过梁</td></tr>
<tr><td>3）砌筑工程抗震设防构造的一般知识
①砌体房屋的震害特点
②抗震设计的一般规定
③抗震的构造措施</td></tr>
<tr><td>4）砌筑工程受力的一般知识
①承重墙受力特点
②填充墙受力特点</td></tr>
<tr><td rowspan="2">2-2 砌筑材料知识</td><td rowspan="2">（1）砌筑工程常用材料的种类、性能
（2）砌筑工程常用材料的识别
（3）砌筑工程常用材料的质量要求
（4）常用砌筑材料的使用方法</td><td rowspan="2">（1）砌筑材料知识</td><td>1）砌筑工程常用材料的种类、性能
①砖的种类、性能
②砌筑用石材的种类、性能
③小型砌块的种类、性能
④砂浆的种类、性能</td><td rowspan="2">（1）方法：讲授法、演示法
（2）重点与难点：常用砌筑材料的使用方法</td><td rowspan="2">10</td></tr>
<tr><td>2）砌筑工程常用材料的识别
①砖的识别
②砌筑用石材的识别
③小型砌块的识别
④砂浆的识别</td></tr>
</table>

续表

2.1.1　职业基本素质培训要求			2.2.1　职业基本素质课程规范			
职业基本素质模块（模块）	培训内容（课程）	培训细目	学习单元	课程内容	培训建议	课堂学时
2. 基础知识	2-2　砌筑材料知识			3）砌筑工程常用材料的质量要求 ①砖的质量要求 ②砌筑用石材的质量要求 ③小型砌块的质量要求 ④砂浆的质量要求		
				4）常用砌筑材料的使用方法		
	2-3　砌筑工具、设备知识	（1）砌筑工具、设备的种类、性能 （2）常用砌筑工具、设备的使用与维护方法	（1）砌筑工具、设备知识	1）砌筑工具、设备的种类、性能 ①手工工具 ②备料工具 ③勾缝工具 ④检测工具 ⑤砂浆搅拌机 ⑥垂直运输设备 ⑦脚手架	（1）方法：讲授法、演示法 （2）重点与难点：常用砌筑工具、设备的使用与维护方法	7
				2）常用砌筑工具、设备的使用与维护方法 ①砂浆搅拌机 ②垂直运输设备 ③脚手架		
	2-4　安全生产和环境保护知识	（1）劳动保护知识 （2）砌筑工程安全技术操作要求 （3）绿色施工知识 （4）成品保护知识	（1）安全生产和环境保护知识	1）劳动保护知识 ①劳动防护用品的使用 ②劳动安全防护技术要求 ③工作环境条件 ④三级安全教育	（1）方法：讲授法、 （2）重点与难点：砌筑工程安全技术操作要求	4
				2）砌筑工程安全技术操作要求 ①一般要求 ②砖石砌筑安全技术要求 ③砌块砌筑安全技术要求 ④高处砌筑安全技术要求		

续表

2.1.1 职业基本素质培训要求			2.2.1 职业基本素质课程规范			
职业基本素质模块（模块）	培训内容（课程）	培训细目	学习单元	课程内容	培训建议	课堂学时
2. 基础知识	2-4 安全生产和环境保护知识			3）绿色施工知识 ①节能型围护结构应用技术 ②新型墙体材料应用技术及施工技术 ③预拌砂浆技术		
				4）成品保护知识		
	2-5 相关法律法规知识	（1）相关法律知识 （2）相关法规知识	（1）相关法律法规知识	1）《中华人民共和国劳动法》相关知识	（1）方法：讲授法 （2）重点与难点：对《建设工程质量管理条例》的理解与把握	1
				2）《中华人民共和国劳动合同法》相关知识		
				3）《中华人民共和国环境保护法》相关知识		
				4）《中华人民共和国建筑法》相关知识		
				5）《中华人民共和国安全生产法》相关知识		
				6）《建设工程质量管理条例》相关知识		
				7）《建设工程安全生产管理条例》相关知识		
				8）《建筑安装工人安全技术操作规程》相关知识		
课堂学时合计						40

附录 2　五级 / 初级职业技能培训要求与课程规范对照表

2.1.2 五级 / 初级职业技能培训要求				2.2.2 五级 / 初级职业技能培训课程规范			
职业功能模块（模块）	培训内容（课程）	技能目标	培训细目	学习单元	课程内容	培训建议	课堂学时
1. 砌筑砂浆拌制与使用	1-1 砌筑砂浆配料	1-1-1 能鉴别材料质量	（1）水泥质量的鉴别 （2）砂子质量的鉴别 （3）塑化材料质量的鉴别	（1）砌筑砂浆材料质量的鉴别	1）水泥的基础知识 ①水泥的种类 ②水泥的强度等级 ③水泥的特性 ④水泥的保管	（1）方法：讲授法、实物示教法 （2）重点与难点：水泥质量的鉴别	2

续表

<table>
<tr><th colspan="4">2.1.2　五级 / 初级职业技能培训要求</th><th colspan="4">2.2.2　五级 / 初级职业技能培训课程规范</th></tr>
<tr><th>职业功能模块（模块）</th><th>培训内容（课程）</th><th>技能目标</th><th>培训细目</th><th>学习单元</th><th>课程内容</th><th>培训建议</th><th>课堂学时</th></tr>
<tr><td rowspan="9">1. 砌筑砂浆拌制与使用</td><td rowspan="7">1–1　砌筑砂浆配料</td><td rowspan="3">1–1–1　能鉴别材料质量</td><td rowspan="3"></td><td rowspan="3"></td><td>2）水泥质量的鉴别
①鉴别的方法
②鉴别标准
③注意事项</td><td rowspan="3"></td><td rowspan="3"></td></tr>
<tr><td>3）砂子质量的鉴别
①砂子的种类
②鉴别的方法
③鉴别标准
④注意事项</td></tr>
<tr><td>4）塑化材料质量的鉴别
①塑化材料的种类
②鉴别的方法
③鉴别标准
④注意事项</td></tr>
<tr><td rowspan="4">1–1–2　能按配合比计量并控制误差</td><td rowspan="4">（1）砌筑砂浆配合比的计量
（2）计量器具的使用</td><td rowspan="2">（2）砌筑砂浆配合比的设计</td><td>1）砌筑砂浆的配合比</td><td rowspan="2">（1）方法：讲授法、演示法、实训法
（2）重点与难点：砂浆各组分材料的允许偏差</td><td rowspan="2">1</td></tr>
<tr><td>2）砂浆各组分材料的允许偏差</td></tr>
<tr><td rowspan="2">（3）计量器具的使用</td><td>1）器具的种类
①磅秤
②筛子
③量桶</td><td rowspan="2">（1）方法：讲授法、演示法、实训法
（2）重点与难点：器具的使用</td><td rowspan="2">1</td></tr>
<tr><td>2）器具的使用
①磅秤的使用
②筛子的使用
③量桶的使用</td></tr>
<tr><td rowspan="2">1–2　砌筑砂浆搅拌</td><td>1–2–1　能按顺序投料</td><td>（1）按顺序投料</td><td rowspan="2">（1）砌筑砂浆的投料及搅拌</td><td>1）砂浆投料的顺序要求</td><td rowspan="2">（1）方法：讲授法、演示法、实训法
（2）重点与难点：砂浆的投料顺序</td><td rowspan="2">1</td></tr>
<tr><td>1–2–2　能按规定时间搅拌</td><td>（1）砌筑砂浆搅拌时间的控制</td><td>2）砂浆搅拌的要求</td></tr>
</table>

续表

<table>
<tr><th colspan="4">2.1.2 五级 / 初级职业技能培训要求</th><th colspan="4">2.2.2 五级 / 初级职业技能培训课程规范</th></tr>
<tr><th>职业功能模块（模块）</th><th>培训内容（课程）</th><th>技能目标</th><th>培训细目</th><th>学习单元</th><th>课程内容</th><th>培训建议</th><th>课堂学时</th></tr>
<tr><td rowspan="7">1. 砌筑砂浆拌制与使用</td><td rowspan="2">1-2 砌筑砂浆搅拌</td><td rowspan="2">1-2-3 能按要求进行搅拌</td><td rowspan="2">（1）砌筑砂浆搅拌方法的选择</td><td rowspan="2">（2）砌筑砂浆的搅拌方法</td><td>1）机械搅拌
①方法
②注意事项</td><td rowspan="2">（1）方法：讲授法、演示法、实训法
（2）重点与难点：机械搅拌</td><td rowspan="2">1</td></tr>
<tr><td>2）人工搅拌
①方法
②注意事项</td></tr>
<tr><td rowspan="5">1-3 砌筑砂浆使用</td><td rowspan="3">1-3-1 能控制使用时间</td><td rowspan="3">（1）砌筑砂浆使用时间的控制</td><td rowspan="3">（1）砌筑砂浆的储存与使用要求</td><td>1）砂浆的储存要求</td><td rowspan="3">（1）方法：讲授法、案例教学法
（2）重点与难点：砂浆使用的时间控制</td><td rowspan="3">1</td></tr>
<tr><td>2）砂浆使用的影响因素</td></tr>
<tr><td>3）砂浆使用的时间控制</td></tr>
<tr><td rowspan="2">1-3-2 能判别砂浆和易性与流动性</td><td rowspan="2">（1）砂浆和易性的判别
（2）砂浆流动性的判别</td><td rowspan="2">（2）砌筑砂浆的技术性能</td><td>1）砂浆和易性的判别
2）砂浆流动性的判别</td><td rowspan="2">（1）方法：讲授法、案例教学法
（2）重点与难点：砂浆试块强度的验收</td><td rowspan="2">2</td></tr>
<tr><td>3）砂浆试块强度的验收</td></tr>
<tr><td rowspan="5">2. 砌砖</td><td rowspan="5">2-1 砖基础砌筑</td><td rowspan="5">2-1-1 能准备材料、选用工具</td><td rowspan="5">（1）按要求准备砖
（2）按要求选用工具</td><td rowspan="3">（1）砌筑砖基础材料</td><td>1）普通烧结砖
①规格
②质量等级
③技术要求</td><td rowspan="3">（1）方法：讲授法、实物示教法
（2）重点与难点：砌筑砖基础材料</td><td rowspan="3">1</td></tr>
<tr><td>2）硅酸盐类砖
①蒸压灰砂砖
②粉煤灰砖
③炉渣砖
④矿渣砖
⑤煤矸石砖</td></tr>
<tr><td>3）耐火砖</td></tr>
<tr><td rowspan="2">（2）砌筑砖基础工具</td><td>1）常用工具的种类、性能、适用范围及使用方法</td><td rowspan="2">（1）方法：讲授法、实物示教法
（2）重点与难点：常用工具的种类、性能、适用范围及使用方法</td><td rowspan="2">1</td></tr>
<tr><td>2）质量检测工具
①钢卷尺
②托线板
③线锤
④塞尺
⑤水平尺</td></tr>
</table>

续表

2.1.2 五级 / 初级职业技能培训要求				2.2.2 五级 / 初级职业技能培训课程规范			
职业功能模块（模块）	培训内容（课程）	技能目标	培训细目	学习单元	课程内容	培训建议	课堂学时
2. 砌砖	2-1 砖基础砌筑	2-1-1 能准备材料、选用工具	（1）按要求准备砖 （2）按要求选用工具	（2）砌筑砖基础工具	⑥准线 ⑦百格尺 ⑧方尺 ⑨龙门板 ⑩皮数杆 3）常用的机械设备 ①砂浆搅拌机 ②垂直运输设备 4）脚手架 ①常用脚手架的构造 ②脚手架使用要点	（1）方法：讲授法、实物示教法 （2）重点与难点：常用工具的种类、性能、适用范围及使用方法	1
		2-1-2 能修正垫层	（1）基础找平	（3）垫层的修正	1）砖基础的一般构造 2）垫层修正的方法与注意事项 ①修正的方法 ②注意事项	（1）方法：讲授法、演示法、实训法 （2）重点与难点：垫层的修正	2
		2-1-3 能砌筑中间墙	（1）中间墙的砌筑	（4）中间墙的砌筑	1）中间墙的构造 2）中间墙砌筑的工艺、操作要点 3）中间墙砌筑的质量要求	（1）方法：讲授法、演示法、实训法 （2）重点与难点：中间墙砌筑的工艺、操作要点及质量要求	4
		2-1-4 能砌筑基础墙	（1）基础墙的砌筑	（5）基础墙的砌筑	1）基础墙的构造 2）基础墙砌筑的工艺、操作要点 ①准备工作 ②拌制砂浆 ③砖基础大放脚组砌方法 ④排砖撂底 ⑤砌筑 ⑥防潮层 3）基础墙砌筑的质量要求	（1）方法：讲授法、演示法、实训法 （2）重点与难点：基础墙砌筑的工艺、操作要点及质量要求	6

续表

2.1.2 五级 / 初级职业技能培训要求				2.2.2 五级 / 初级职业技能培训课程规范			
职业功能模块（模块）	培训内容（课程）	技能目标	培训细目	学习单元	课程内容	培训建议	课堂学时
2. 砌砖	2-1 砖基础砌筑	2-1-5 能做防潮层	（1）防潮层的做法	（6）防潮层的做法	1）防潮层的做法 ①方法 ②注意事项	（1）方法：讲授法、案例教学法 （2）重点与难点：防潮层的做法	2
	2-2 实心砖、多孔砖砖墙砌筑	2-2-1 能砌筑实心砖、多孔砖墙墙身、留槎、接槎	（1）实心砖墙墙身的砌筑 （2）实心砖墙留槎的砌筑 （3）实心砖墙接槎的砌筑 （4）多孔砖墙墙身的砌筑 （5）多孔砖墙留槎的砌筑 （6）多孔砖墙接槎的砌筑	（1）实心砖、多孔砖墙墙身、留槎、接槎的砌筑	1）实心砖墙墙身砌筑的工艺、操作要点 2）多孔砖墙墙身砌筑的工艺、操作要点 3）留槎、接槎砌筑工艺、操作要点 4）实心砖、多孔砖墙墙身、留槎、接槎砌筑的质量要求	（1）方法：讲授法、案例教学法、实训法 （2）重点与难点：实心砖、多孔砖墙墙身砌筑的工艺、操作要点	4
		2-2-2 能砌筑门窗洞口	（1）门窗洞口的砌筑	（2）门窗洞口的砌筑	1）门窗洞口砌筑的工艺、操作要点 2）门窗洞口砌筑的质量要求	（1）方法：讲授法、案例教学法、实训法 （2）重点与难点：门窗洞口砌筑的工艺、操作要点	4
		2-2-3 能砌筑楼层墙	（1）楼层墙的砌筑	（3）楼层墙的砌筑	1）楼层墙砌筑的工艺、操作要点 2）楼层墙砌筑的质量要求	（1）方法：讲授法、案例教学法、实训法 （2）重点与难点：楼层墙砌筑的工艺、操作要点及质量要求	4
		2-2-4 能砌筑构造柱大马牙槎，设置拉结筋	（1）拉结筋的设置 （2）构造柱的砌筑	（4）构造柱的砌筑	1）构造柱的构造 2）构造柱拉结筋的设置 3）构造柱砌筑的工艺、操作要点 4）构造柱砌筑的质量要求	（1）方法：讲授法、案例教学法、实训法 （2）重点与难点：构造柱砌筑的工艺、操作要点及质量要求	4

续表

2.1.2 五级 / 初级职业技能培训要求				2.2.2 五级 / 初级职业技能培训课程规范			
职业功能模块（模块）	培训内容（课程）	技能目标	培训细目	学习单元	课程内容	培训建议	课堂学时
2. 砌砖	2-3 空斗墙砌筑	2-3-1 能砌筑空斗墙	（1）空斗墙的砌筑	（1）空斗墙的砌筑	1）空斗墙的构造	（1）方法：讲授法、案例教学法、实训法 （2）重点与难点：空斗墙砌筑的工艺、操作要点及质量要求	6
					2）空斗墙砌筑的工艺、操作要点		
					3）空斗墙砌筑的质量要求		
		2-3-2 能砌筑空斗墙交接部位、门窗洞、墙顶、墙柱连接	（1）空斗墙交接部位的砌筑 （2）空斗墙门窗洞、墙顶、墙柱连接的砌筑	（2）空斗墙交接部位的砌筑	1）空斗墙交接部位砌筑的工艺、操作要点	（1）方法：讲授法、案例教学法、实训法 （2）重点与难点：空斗墙交接部位砌筑的工艺、操作要点及质量要求	2
					2）空斗墙交接部位砌筑的质量要求		
				（3）空斗墙门窗洞、墙顶、墙柱连接的砌筑	1）空斗墙门窗洞、墙顶、墙柱连接砌筑的工艺、操作要点	（1）方法：讲授法、案例教学法、实训法 （2）重点与难点：空斗墙门窗洞、墙顶、墙柱连接砌筑的工艺、操作要点及质量要求	2
					2）空斗墙门窗洞、墙顶、墙柱连接砌筑的质量要求		
	2-4 空心砖墙砌筑	2-4-1 能砌筑空心砖墙身	（1）空心砖墙身的砌筑	（1）空心砖的材料及构造	1）空心砖的材料	（1）方法：讲授法、案例教学法 （2）重点与难点：空心砖的材料	1
					2）空心砖的构造		
				（2）空心砖墙身的砌筑	1）空心砖墙身砌筑的工艺、操作要点	（1）方法：讲授法、案例教学法、实训法 （2）重点与难点：空心砖墙身砌筑的工艺、操作要点及质量要求	4
					2）空心砖墙身砌筑的质量要求		
		2-4-2 能砌筑空心砖墙交接部位、门窗、墙顶、墙柱连接	（1）空心墙交接部位的砌筑 （2）空心墙门窗、墙顶、墙柱连接的砌筑	（3）空心墙交接部位的砌筑	1）空心墙交接部位砌筑的工艺、操作要点	（1）方法：讲授法、案例教学法、实训法 （2）重点与难点：空心墙交接部位砌筑的工艺、操作要点及质量要求	4
					2）空心墙交接部位砌筑的质量要求		

续表

<table>
<tr><th colspan="4">2.1.2 五级 / 初级职业技能培训要求</th><th colspan="4">2.2.2 五级 / 初级职业技能培训课程规范</th></tr>
<tr><th>职业功能模块（模块）</th><th>培训内容（课程）</th><th>技能目标</th><th>培训细目</th><th>学习单元</th><th>课程内容</th><th>培训建议</th><th>课堂学时</th></tr>
<tr><td rowspan="2">2. 砌砖</td><td rowspan="2">2-4 空心砖墙砌筑</td><td rowspan="2">2-4-2 能砌筑空心砖墙交接部位、门窗、墙顶、墙柱连接</td><td rowspan="2"></td><td rowspan="2">（4）空心墙门窗、墙顶、墙柱连接的砌筑</td><td>1）空心墙门窗、墙顶、墙柱连接砌筑的工艺与操作要点</td><td rowspan="2">（1）方法：讲授法、案例教学法、实训法
（2）重点与难点：空心墙门窗、墙顶、墙柱连接砌筑的工艺、操作要点及质量要求</td><td rowspan="2">1</td></tr>
<tr><td>2）空心墙门窗、墙顶、墙柱连接砌筑的质量要求</td></tr>
<tr><td rowspan="15">3. 砌石</td><td rowspan="15">3-1 毛石基础砌筑</td><td rowspan="13">3-1-1 能砌筑筑角石、拉结石与正墙</td><td rowspan="13">（1）筑角石的砌筑
（2）拉结石的砌筑
（3）正墙的砌筑</td><td rowspan="3">（1）毛石的材料及构造</td><td>1）毛石的种类及选石要求</td><td rowspan="3">（1）方法：讲授法、案例教学法
（2）重点与难点：毛石的选材要求、毛石基础的组砌形式与构造</td><td rowspan="3">1</td></tr>
<tr><td>2）毛石基础的组砌形式</td></tr>
<tr><td>3）毛石基础的构造要求</td></tr>
<tr><td rowspan="3">（2）筑角石的砌筑</td><td>1）筑角石的构造</td><td rowspan="3">（1）方法：讲授法、案例教学法、实训法
（2）重点与难点：筑角石砌筑的工艺、操作要点及质量要求</td><td rowspan="3">2</td></tr>
<tr><td>2）筑角石砌筑的工艺与操作要点</td></tr>
<tr><td>3）筑角石砌筑的质量要求</td></tr>
<tr><td rowspan="3">（3）拉结石的砌筑</td><td>1）拉结石的构造</td><td rowspan="3">（1）方法：讲授法、案例教学法、实训法
（2）重点与难点：拉结石砌筑的工艺、操作要点及质量要求</td><td rowspan="3">2</td></tr>
<tr><td>2）拉结石砌筑的工艺、操作要点</td></tr>
<tr><td>3）拉结石砌筑的质量要求</td></tr>
<tr><td rowspan="4">（4）正墙的砌筑</td><td rowspan="2">1）正墙砌筑的工艺、操作要点</td><td rowspan="4">（1）方法：讲授法、案例教学法、实训法
（2）重点与难点：正墙砌筑的工艺、操作要点及质量要求</td><td rowspan="4">2</td></tr>
<tr></tr>
<tr><td rowspan="2">2）正墙砌筑的质量要求</td></tr>
<tr></tr>
<tr><td rowspan="2">3-1-2 能收退基础</td><td rowspan="2">（1）毛石基础的砌筑
（2）收退基础的砌筑</td><td rowspan="2">（5）毛石基础的砌筑</td><td>1）毛石基础砌筑的工艺、操作要点</td><td rowspan="2">（1）方法：讲授法、案例教学法、实训法
（2）重点与难点：毛石基础砌筑的工艺与操作要点及质量要求</td><td rowspan="2">3</td></tr>
<tr><td>2）毛石基础砌筑的质量要求</td></tr>
</table>

续表

2.1.2 五级 / 初级职业技能培训要求				2.2.2 五级 / 初级职业技能培训课程规范			
职业功能模块（模块）	培训内容（课程）	技能目标	培训细目	学习单元	课程内容	培训建议	课堂学时
3. 砌石	3-1 毛石基础砌筑	3-1-2 能收退基础		（6）收退基础的砌筑	1）收退基础砌筑的工艺与操作要点 2）收退基础砌筑的质量要求	（1）方法：讲授法、案例教学法、实训法 （2）重点与难点：收退基础砌筑的工艺、操作要点及质量要求	1
	3-2 毛石墙砌筑	3-2-1 能砌筑组合墙	（1）毛石墙的砌筑 （2）组合墙的砌筑	（1）毛石墙的组砌形式与构造	1）毛石墙的组砌形式 2）毛石墙的构造要求	（1）方法：讲授法、案例教学法 （2）重点与难点：毛石墙的组砌形式与构造	1
				（2）毛石墙的砌筑	1）毛石墙砌筑的工艺、操作要点 2）毛石墙砌筑的质量要求	（1）方法：讲授法、案例教学法、实训法 （2）重点与难点：毛石墙砌筑的工艺、操作要点及质量要求	4
				（3）组合墙的砌筑	1）组合墙砌筑的工艺、操作要点 2）组合墙砌筑的质量要求	（1）方法：讲授法、案例教学法、实训法 （2）重点与难点：组合墙砌筑的工艺、操作要点及质量要求	2
		3-2-2 能砌筑挡土墙	（1）挡土墙的砌筑	（4）挡土墙的砌筑	1）挡土墙砌筑的工艺、操作要点 2）挡土墙砌筑的质量要求	（1）方法：讲授法、案例教学法、实训法 （2）重点与难点：挡土墙砌筑的工艺、操作要点及质量要求	2
4. 小型砌块砌筑	4-1 混凝土小型砌块砌筑	4-1-1 能铺灰、灌孔	（1）混凝土小型砌块材料的选择 （2）混凝土小型砌块的铺灰、灌孔	（1）混凝土小型砌块材料	1）混凝土小型砌块材料要求 2）混凝土小型砌块适用范围	（1）方法：讲授法、案例教学法 （2）重点与难点：混凝土小型砌块的材料要求	1
				（2）混凝土小型砌块的铺灰、灌孔	1）铺灰、灌孔的工艺、操作要点 2）铺灰、灌孔的质量要求	（1）方法：讲授法、案例教学法、实训法 （2）重点与难点：铺灰、灌孔的工艺、操作要点及质量要求	1

续表

2.1.2 五级 / 初级职业技能培训要求				2.2.2 五级 / 初级职业技能培训课程规范			
职业功能模块（模块）	培训内容（课程）	技能目标	培训细目	学习单元	课程内容	培训建议	课堂学时
4. 小型砌块砌筑	4-1 混凝土小型砌块砌筑	4-1-2 能砌筑混凝土小型砌块墙身、交接部位、填充墙	（1）混凝土小型砌块墙身的砌筑 （2）混凝土小型砌块交接部位的砌筑 （3）混凝土小型砌块填充墙的砌筑	（3）混凝土小型砌块墙身的砌筑	1）混凝土小型砌块墙身砌筑的工艺、操作要点 2）混凝土小型砌块墙身砌筑的质量要求	（1）方法：讲授法、案例教学法、实训法 （2）重点与难点：混凝土小型砌块墙身砌筑的工艺、操作要点及质量要求	4
				（4）混凝土小型砌块交接部位的砌筑	1）混凝土小型砌块交接部位砌筑的工艺、操作要点 2）混凝土小型砌块交接部位砌筑的质量要求	（1）方法：讲授法、案例教学法、实训法 （2）重点与难点：混凝土小型砌块交接部位砌筑的工艺、操作要点及质量要求	1
				（5）混凝土小型砌块填充墙的砌筑	1）混凝土小型砌块填充墙砌筑的工艺、操作要点 2）混凝土小型砌块填充墙砌筑的质量要求	（1）方法：讲授法、案例教学法、实训法 （2）重点与难点：混凝土小型砌块填充墙砌筑的工艺、操作要点及质量要求	2
		4-1-3 能砌筑混凝土小型砌块构造柱大马牙槎，设置拉结筋或钢筋网片	（1）拉结筋或钢筋网片的设置 （2）混凝土小型砌块构造柱大马牙槎的砌筑	（6）混凝土小型砌块构造柱的砌筑	1）混凝土小型砌块构造柱拉结筋或钢筋网片的设置 2）混凝土小型砌块构造柱砌筑的工艺与操作要点 3）混凝土小型砌块构造柱砌筑的质量要求	（1）方法：讲授法、案例教学法、实训法 （2）重点与难点：混凝土小型砌块构造柱砌筑的工艺，操作要点及质量要求	2
		4-1-4 能砌筑芯柱	（1）芯柱的砌筑	（7）芯柱的砌筑	1）芯柱设置部位及形式要求 2）芯柱砌筑的工艺与操作要点 3）芯柱砌筑的质量要求	（1）方法：讲授法、案例教学法、实训法 （2）重点与难点：芯柱砌筑的工艺、操作要点及质量要求	1

续表

<table>
<tr><th colspan="4">2.1.2　五级 / 初级职业技能培训要求</th><th colspan="4">2.2.2　五级 / 初级职业技能培训课程规范</th></tr>
<tr><th>职业功能模块（模块）</th><th>培训内容（课程）</th><th>技能目标</th><th>培训细目</th><th>学习单元</th><th>课程内容</th><th>培训建议</th><th>课堂学时</th></tr>
<tr><td rowspan="10">4. 小型砌块砌筑</td><td rowspan="10">4-2　加气混凝土小砌块、粉煤灰砌块砌筑</td><td rowspan="4">4-2-1　能铺灰、灌缝、镶砖</td><td rowspan="4">（1）加气混凝土小砌块、粉煤灰砌块材料的选择
（2）加气混凝土小砌块、粉煤灰砌块的铺灰、灌缝、镶砖</td><td rowspan="2">（1）加气混凝土小砌块、粉煤灰砌块材料</td><td>1）加气混凝土小砌块、粉煤灰砌块的材料要求</td><td rowspan="2">（1）方法：讲授法、案例教学法
（2）重点与难点：加气混凝土小砌块、粉煤灰砌块的材料要求</td><td rowspan="2">1</td></tr>
<tr><td>2）加气混凝土小砌块、粉煤灰砌块材料的适用范围</td></tr>
<tr><td rowspan="2">（2）加气混凝土小砌块、粉煤灰砌块的铺灰、灌缝、镶砖</td><td>1）铺灰、灌缝、镶砖的工艺与操作要点</td><td rowspan="2">（1）方法：讲授法、案例教学法、实训法
（2）重点与难点：铺灰、灌缝、镶砖的工艺、操作要点及质量要求</td><td rowspan="2">1</td></tr>
<tr><td>2）铺灰、灌缝、镶砖的质量要求</td></tr>
<tr><td rowspan="6">4-2-2　能砌筑墙身、交接部位、填充墙</td><td rowspan="6">（1）加气混凝土小砌块、粉煤灰砌块墙身的砌筑
（2）加气混凝土小砌块、粉煤灰砌块交接部位的砌筑
（3）加气混凝土小砌块、粉煤灰砌块填充墙的砌筑</td><td rowspan="2">（3）加气混凝土小砌块、粉煤灰砌块墙身的砌筑</td><td>1）加气混凝土小砌块、粉煤灰砌块墙身砌筑的工艺与操作要点</td><td rowspan="2">（1）方法：讲授法、案例教学法、实训法
（2）重点与难点：加气混凝土小砌块、粉煤灰砌块墙身砌筑的工艺、操作要点及质量要求</td><td rowspan="2">4</td></tr>
<tr><td>2）加气混凝土小砌块、粉煤灰砌块墙身砌筑的质量要求</td></tr>
<tr><td rowspan="2">（4）加气混凝土小砌块、粉煤灰砌块交接部位的砌筑</td><td>1）加气混凝土小砌块、粉煤灰砌块交接部位砌筑的工艺与操作要点</td><td rowspan="2">（1）方法：讲授法、案例教学法、实训法
（2）重点与难点：加气混凝土小砌块、粉煤灰砌块交接部位砌筑的工艺、操作要点及质量要求</td><td rowspan="2">1</td></tr>
<tr><td>2）加气混凝土小砌块、粉煤灰砌块交接部位砌筑的质量要求</td></tr>
<tr><td rowspan="2">（5）加气混凝土小砌块、粉煤灰砌块填充墙的砌筑</td><td>1）加气混凝土小砌块、粉煤灰砌块填充墙砌筑的工艺与操作要点</td><td rowspan="2">（1）方法：讲授法、案例教学法、实训法
（2）重点与难点：加气混凝土小砌块、粉煤灰砌块填充墙砌筑的工艺、操作要点及质量要求</td><td rowspan="2">2</td></tr>
<tr><td>2）加气混凝土小砌块、粉煤灰砌块填充墙砌筑的质量要求</td></tr>
</table>

续表

<table>
<tr><th colspan="4">2.1.2　五级 / 初级职业技能培训要求</th><th colspan="4">2.2.2　五级 / 初级职业技能培训课程规范</th></tr>
<tr><th>职业功能模块（模块）</th><th>培训内容（课程）</th><th>技能目标</th><th>培训细目</th><th>学习单元</th><th>课程内容</th><th>培训建议</th><th>课堂学时</th></tr>
<tr><td rowspan="3">4. 小型砌块砌筑</td><td rowspan="3">4-2　加气混凝土小砌块、粉煤灰砌块砌筑</td><td rowspan="3">4-2-3　能砌筑构造柱大马牙槎，正确设置拉结筋或钢筋网片</td><td rowspan="3">（1）拉结筋或钢筋网片的设置
（2）加气混凝土小砌块、粉煤灰砌块构造柱的砌筑</td><td rowspan="3">（6）加气混凝土小砌块、粉煤灰砌块构造柱的砌筑</td><td>1）加气混凝土小砌块、粉煤灰、砌块构造柱拉结筋或钢筋网片的设置</td><td rowspan="3">（1）方法：讲授法、案例教学法、实训法
（2）重点与难点：加气混凝土小砌块、粉煤灰砌块构造柱砌筑的工艺、操作要点及质量要求</td><td rowspan="3">2</td></tr>
<tr><td>2）加气混凝土小砌块、粉煤灰砌块构造柱砌筑的工艺与操作要点</td></tr>
<tr><td>3）加气混凝土小砌块、粉煤灰砌块构造柱砌筑的质量要求</td></tr>
<tr><td rowspan="9">5. 屋面瓦铺挂</td><td rowspan="9">5-1　平瓦屋面铺筑</td><td rowspan="2">5-1-1　能选平瓦</td><td rowspan="2">（1）平瓦的选择</td><td rowspan="2">（1）平瓦的选择</td><td>1）平瓦的主要材料</td><td rowspan="2">（1）方法：讲授法、案例教学法
（2）重点与难点：平瓦的选择要求</td><td rowspan="2">1</td></tr>
<tr><td>2）平瓦的选择要求</td></tr>
<tr><td rowspan="5">5-1-2　能摆平瓦、挂平瓦</td><td rowspan="5">（1）摆平瓦
（2）挂平瓦</td><td>（2）平瓦屋面的构造</td><td>1）平瓦屋面的构造要求</td><td>（1）方法：讲授法、案例教学法
（2）重点与难点：平瓦屋面的构造要求</td><td>1</td></tr>
<tr><td rowspan="2">（3）摆平瓦</td><td>1）摆平瓦的工艺与操作要点</td><td rowspan="2">（1）方法：讲授法、案例教学法、实训法
（2）重点与难点：摆平瓦的工艺、操作要点及质量要求</td><td rowspan="2">2</td></tr>
<tr><td>2）摆平瓦的质量要求</td></tr>
<tr><td rowspan="2">（4）挂平瓦</td><td>1）挂平瓦的工艺与操作要点</td><td rowspan="2">（1）方法：讲授法、案例教学法、实训法
（2）重点与难点：挂平瓦的工艺、操作要点及质量要求</td><td rowspan="2">2</td></tr>
<tr><td>2）挂平瓦的质量要求</td></tr>
<tr><td rowspan="2">5-1-3　能铺屋面平瓦</td><td rowspan="2">（1）平瓦屋面的铺筑</td><td rowspan="2">（5）平瓦屋面的铺筑</td><td>1）平瓦屋面铺筑的工艺与操作要点</td><td rowspan="2">（1）方法：讲授法、案例教学法、实训法
（2）重点与难点：平瓦屋面铺筑的工艺、操作要点及质量要求</td><td rowspan="2">2</td></tr>
<tr><td>2）平瓦屋面铺筑的质量要求</td></tr>
</table>

续表

2.1.2 五级 / 初级职业技能培训要求				2.2.2 五级 / 初级职业技能培训课程规范			
职业功能模块（模块）	培训内容（课程）	技能目标	培训细目	学习单元	课程内容	培训建议	课堂学时
5. 屋面瓦铺挂	5-2 小青瓦屋面铺筑	5-2-1 能选小青瓦	（1）小青瓦的选择	（1）小青瓦的选择	1）小青瓦的主要材料	（1）方法：讲授法、案例教学法 （2）重点与难点：小青瓦的选择要求	1
					2）小青瓦的选择要求		
		5-2-2 能摆小青瓦、挂小青瓦	（1）摆小青瓦 （2）挂小青瓦	（2）小青瓦屋面的构造	1）小青瓦屋面的构造要求	（1）方法：讲授法、案例教学法 （2）重点与难点：小青瓦屋面的构造要求	1
				（3）摆小青瓦	1）摆小青瓦的工艺与操作要点	（1）方法：讲授法、案例教学法、实训法 （2）重点与难点：摆小青瓦的工艺、操作要点及质量要求	2
					2）摆小青瓦的质量要求		
				（4）挂小青瓦	1）挂小青瓦的工艺与操作要点	（1）方法：讲授法、案例教学法、实训法 （2）重点与难点：挂小青瓦的工艺、操作要点及质量要求	2
					2）挂小青瓦的质量要求		
		5-2-3 能铺屋面小青瓦	（1）小青瓦屋面的铺筑	（5）小青瓦屋面的铺筑	1）小青瓦屋面铺筑的工艺与操作要点	（1）方法：讲授法、案例教学法、实训法 （2）重点与难点：小青瓦屋面铺筑的工艺、操作要点及质量要求	2
					2）小青瓦屋面铺筑的质量要求		
课堂学时合计							120

附录 3　四级 / 中级职业技能培训要求与课程规范对照表

<table>
<tr><th colspan="4">2.1.3　四级 / 中级职业技能培训要求</th><th colspan="4">2.2.3　四级 / 中级职业技能培训课程规范</th></tr>
<tr><th>职业功能模块（模块）</th><th>培训内容（课程）</th><th>技能目标</th><th>培训细目</th><th>学习单元</th><th>课程内容</th><th>培训建议</th><th>课堂学时</th></tr>
<tr><td rowspan="7">1. 砌砖</td><td rowspan="7">1-1　砖基础砌筑</td><td>1-1-1　能确定砖基础的组砌形式</td><td>（1）砖基础组砌形式的确定</td><td>（1）砖基础的组砌形式</td><td>1）砖基础的组砌形式
①“一顺一丁”
②“三顺一丁”
③“梅花丁”
④“全顺”
⑤“全丁”</td><td>（1）方法：讲授法、演示法
（2）重点与难点：砖基础的组砌形式</td><td>1</td></tr>
<tr><td>1-1-2　能砖基础弹线</td><td>（1）砖基础定位放线</td><td rowspan="2">（2）砖基础放样</td><td>1）放样弹线的方式
①基础轴线弹线方式
②基础边线弹线方式</td><td rowspan="2">（1）方法：讲授法、演示法、实训法
（2）重点：砖基础弹线
（3）难点：立砖基础皮数杆</td><td rowspan="2">1</td></tr>
<tr><td>1-1-3　能立砖基础皮数杆</td><td>（1）立砖基础皮数杆</td><td>2）立砖基础皮数杆
①按要求立好皮数杆
②皮数杆拉线标高的检查</td></tr>
<tr><td rowspan="2">1-1-4　能进行砖基础摆砖撂底</td><td rowspan="2">（1）砖基础摆砖
（2）砖基础撂底</td><td rowspan="2">（3）砖基础摆砖撂底</td><td>1）砖基础摆砖
①原理及目的
②摆砖方式：“山丁檐跑”
③摆砖要求
④操作要点</td><td rowspan="2">（1）方法：讲授法、演示法、实训法
（2）重点：砖基础摆砖原理及目的
（3）难点：砖基础撂底</td><td rowspan="2">1</td></tr>
<tr><td>2）砖基础撂底</td></tr>
<tr><td rowspan="2">1-1-5　能进行砖基础盘角与收退</td><td rowspan="2">（1）砖基础盘角
（2）砖基础收退</td><td rowspan="2">（4）砖基础盘角与收退</td><td>1）砖基础盘角
①工艺
②操作要点</td><td rowspan="2">（1）方法：讲授法、演示法、实训法
（2）重点与难点：砖基础盘角与收退的工艺</td><td rowspan="2">1</td></tr>
<tr><td>2）砖基础收退
①工艺
②操作要点</td></tr>
</table>

续表

<table>
<tr><td colspan="4">2.1.3　四级 / 中级职业技能培训要求</td><td colspan="4">2.2.3　四级 / 中级职业技能培训课程规范</td></tr>
<tr><td>职业功能模块（模块）</td><td>培训内容（课程）</td><td>技能目标</td><td>培训细目</td><td>学习单元</td><td>课程内容</td><td>培训建议</td><td>课堂学时</td></tr>
<tr><td rowspan="8">1. 砌砖</td><td rowspan="8">1-2　实心砖、多孔砖墙砌筑</td><td rowspan="2">1-2-1　能确定实心砖、多孔砖墙组砌形式</td><td rowspan="2">（1）实心砖墙组砌形式的确定
（2）多孔砖墙组砌形式的确定
（3）实心砖墙接头方式的确定
（4）多孔砖墙接头方式的确定</td><td rowspan="2">（1）实心砖、多孔砖墙组砌形式和接头方式</td><td>1）实心砖、多孔砖墙组砌形式
①实心砖墙组砌形式
②多孔砖墙组砌形式</td><td rowspan="2">（1）方法：讲授法、演示法
（2）重点与难点：实心砖、多孔砖墙组砌形式</td><td rowspan="2">1</td></tr>
<tr><td>2）实心砖、多孔砖墙接头方式</td></tr>
<tr><td rowspan="3">1-2-2　能进行实心砖、多孔砖墙抄平放线</td><td rowspan="3">（1）实心砖墙定位放线
（2）多孔砖墙定位放线</td><td rowspan="4">（2）实心砖、多孔砖墙放样</td><td>1）实心砖、多孔砖墙抄平
① 50 线
② 1 米线</td><td rowspan="4">（1）方法：讲授法、演示法、实训法
（2）重点：实心砖、多孔砖墙放线
（3）难点：立实心砖、多孔砖墙皮数杆</td><td rowspan="4">1</td></tr>
<tr><td>2）实心砖、多孔砖墙定位放线
①基础轴线放样弹线
②基础边线放样弹线</td></tr>
<tr><td rowspan="2">3）立实心砖、多孔砖墙皮数杆
①按要求立好皮数杆
②检查皮数杆竖立情况（立正立直、所示标高等）</td></tr>
<tr><td>1-2-3　能立实心砖、多孔砖墙皮数杆</td><td>（1）立实心砖墙皮数杆
（2）立多孔砖墙皮数杆</td></tr>
<tr><td rowspan="2">1-2-4　能进行实心砖、多孔砖墙盘角挂线</td><td rowspan="2">（1）实心砖墙盘角
（2）多孔砖墙盘角
（3）实心砖墙挂线
（4）多孔砖墙挂线</td><td rowspan="2">（3）实心砖、多孔砖墙盘角挂线</td><td>1）实心砖、多孔砖墙盘角
①工艺
②操作要点</td><td rowspan="2">（1）方法：讲授法、演示法、实训法
（2）重点：实心砖、多孔砖墙盘角挂线工艺
（3）难点：实心砖、多孔砖墙盘角挂线操作要点</td><td rowspan="2">1</td></tr>
<tr><td>2）实心砖、多孔砖墙挂线
①工艺
②操作要点</td></tr>
</table>

续表

2.1.3 四级 / 中级职业技能培训要求				2.2.3 四级 / 中级职业技能培训课程规范			
职业功能模块（模块）	培训内容（课程）	技能目标	培训细目	学习单元	课程内容	培训建议	课堂学时
1. 砌砖	1-2 实心砖、多孔砖墙砌筑	1-2-5 能进行实心砖、多孔砖墙摆砖撂底	（1）实心砖墙摆砖 （2）多孔砖墙摆砖 （3）实心砖墙撂底 （4）多孔砖墙撂底	（4）实心砖、多孔砖墙摆砖撂底	1）实心砖、多孔砖墙摆砖 ①原理及目的 ②摆砖方式："山丁檐跑" ③摆砖要求 ④操作要点 2）实心砖、多孔砖墙撂底	（1）方法：讲授法、演示法、实训法 （2）重点与难点：实心砖、多孔砖墙摆砖撂底的操作要点	1
		1-2-6 能进行实心砖、多孔砖墙勾缝	（1）实心砖墙勾缝形式的确定 （2）多孔砖墙勾缝形式的确定 （3）实心砖墙勾缝操作 （4）多孔砖墙勾缝操作	（5）实心砖、多孔砖墙勾缝	1）实心砖、多孔砖墙勾缝形式选择 ①平缝 ②凹缝 ③斜缝 ④矩形凸缝 ⑤半圆形凸缝 2）实心砖、多孔砖墙勾缝前准备 3）实心砖、多孔砖墙勾缝的操作要点	（1）方法：讲授法、演示法、实训法 （2）重点与难点：实心砖、多孔砖墙勾缝的操作要点	1
	1-3 砖柱砌筑	1-3-1 能确定独立砖柱与扶壁柱组砌形式	（1）独立砖柱组砌形式的确定 （2）扶壁柱组砌形式的确定	（1）砖柱基本构造及组砌形式	1）砖柱构造 2）独立砖柱组砌形式 3）扶壁柱组砌形式	（1）方法：讲授法、演示法、讨论法 （2）重点：砖柱构造 （3）难点：独立砖柱与扶壁柱组砌形式	1

续表

<table>
<tr><th colspan="4">2.1.3 四级 / 中级职业技能培训要求</th><th colspan="4">2.2.3 四级 / 中级职业技能培训课程规范</th></tr>
<tr><th>职业功能模块（模块）</th><th>培训内容（课程）</th><th>技能目标</th><th>培训细目</th><th>学习单元</th><th>课程内容</th><th>培训建议</th><th>课堂学时</th></tr>
<tr><td rowspan="13">1. 砌砖</td><td rowspan="5">1–3 砖柱砌筑</td><td rowspan="4">1–3–2 能砌筑方形、矩形、圆形、多边形独立砖柱</td><td rowspan="4">（1）砖块现场加工制作
（2）方形独立砖柱的砌筑
（3）矩形独立砖柱的砌筑
（4）圆形独立砖柱的砌筑
（5）多边形独立砖柱的砌筑</td><td rowspan="5">（2）砌筑独立柱、扶壁柱</td><td>1）砖柱砌筑的工艺、操作要点</td><td rowspan="5">（1）方法：讲授法、演示法、实训法
（2）重点：砌筑独立砖柱、扶壁柱
（3）难点：砖柱砌筑的工艺、操作要点</td><td rowspan="5">2</td></tr>
<tr><td>2）砖柱砌筑的质量要求</td></tr>
<tr><td>3）砖块现场加工制作</td></tr>
<tr><td>4）砌筑独立砖柱
①砌筑方形独立砖柱
②砌筑矩形独立砖柱
③砌筑圆形独立砖柱
④砌筑多边形独立砖柱</td></tr>
<tr><td>1–3–3 能砌筑扶壁柱</td><td>（1）扶壁柱的砌筑
（2）扶壁柱连墙处的砌筑</td><td>5）砌筑扶壁柱</td></tr>
<tr><td rowspan="8">1–4 砖过梁砌筑</td><td rowspan="4">1–4–1 能砌筑平拱式过梁</td><td rowspan="4">（1）平拱式过梁形式的确定
（2）平拱式过梁的砌筑</td><td rowspan="4">（1）砌筑平拱式过梁</td><td>1）平拱式过梁构造和适用范围</td><td rowspan="4">（1）方法：讲授法、讨论法
（2）重点：平拱式过梁砌筑工艺、操作要点
（3）难点：平拱式过梁砌筑的质量要求</td><td rowspan="4">2</td></tr>
<tr><td>2）平拱式过梁形式</td></tr>
<tr><td>3）平拱式过梁砌筑工艺、操作要点</td></tr>
<tr><td>4）平拱式过梁砌筑的质量要求</td></tr>
<tr><td rowspan="4">1–4–2 能砌筑弧拱式过梁</td><td rowspan="4">（1）弧拱式过梁形式的确定
（2）弧拱式过梁的砌筑</td><td rowspan="4">（2）砌筑弧拱式过梁</td><td>1）弧拱式过梁构造和适用范围</td><td rowspan="4">（1）方法：讲授法、讨论法
（2）重点与难点：弧拱式过梁砌筑工艺、操作要点</td><td rowspan="4">2</td></tr>
<tr><td>2）弧拱式过梁形式</td></tr>
<tr><td>3）弧拱式过梁砌筑工艺、操作要点</td></tr>
<tr><td>4）弧拱式过梁砌筑的质量要求</td></tr>
</table>

续表

<table>
<tr><th colspan="4">2.1.3　四级 / 中级职业技能培训要求</th><th colspan="4">2.2.3　四级 / 中级职业技能培训课程规范</th></tr>
<tr><th>职业功能模块（模块）</th><th>培训内容（课程）</th><th>技能目标</th><th>培训细目</th><th>学习单元</th><th>课程内容</th><th>培训建议</th><th>课堂学时</th></tr>
<tr><td rowspan="11">1. 砌砖</td><td rowspan="4">1–4　砖过梁砌筑</td><td rowspan="4">1–4–3　能砌筑平砌式过梁</td><td rowspan="4">（1）平砌式过梁形式的确定
（2）平砌式过梁的砌筑</td><td rowspan="4">（3）砌筑平砌式过梁</td><td>1）平砌式过梁构造和适用范围</td><td rowspan="4">（1）方法：讲授法、讨论法
（2）重点：平砌式过梁砌筑工艺、操作要点
（3）难点：平砌式过梁砌筑的质量要求</td><td rowspan="4">2</td></tr>
<tr><td>2）平砌式过梁形式</td></tr>
<tr><td>3）平砌式过梁砌筑工艺、操作要点</td></tr>
<tr><td>4）平砌式过梁砌筑的质量要求</td></tr>
<tr><td rowspan="7">1–5　空斗墙砌筑</td><td rowspan="2">1–5–1　能确定空斗墙组砌形式</td><td rowspan="2">（1）空斗墙构造形式的确定
（2）空斗墙的组砌形式的确定</td><td rowspan="3">（1）空斗墙基本知识</td><td>1）空斗墙的构造</td><td rowspan="3">（1）方法：讲授法、案例教学法
（2）重点：空斗墙的构造和组砌形式
（3）难点：空斗墙适用范围</td><td rowspan="3">1</td></tr>
<tr><td>2）空斗墙的组砌形式</td></tr>
<tr><td>1–5–2　能区分空斗墙适用范围</td><td>（1）空斗墙适用范围的确定</td><td>3）空斗墙适用范围</td></tr>
<tr><td>1–5–3　能确定空斗墙实砌部位</td><td>（1）空斗墙实砌部位的确定</td><td rowspan="4">（2）砌筑空斗墙</td><td>1）空斗墙砌筑工艺、操作要点</td><td rowspan="4">（1）方法：讲授法、实训法
（2）重点：空斗墙砌筑工艺、操作要点
（3）难点：空斗墙砌筑的质量要求</td><td rowspan="4">2</td></tr>
<tr><td rowspan="3">1–5–4　能进行空斗墙摆砖撂底</td><td rowspan="3">（1）空斗墙摆砖
（2）空斗墙撂底</td><td>2）空斗墙砌筑的质量要求</td></tr>
<tr><td>3）空斗墙摆砖撂底工艺、操作要点</td></tr>
<tr><td>4）空斗墙摆砖撂底砌筑的质量要求</td></tr>
</table>

续表

2.1.3　四级 / 中级职业技能培训要求				2.2.3　四级 / 中级职业技能培训课程规范			
职业功能模块（模块）	培训内容（课程）	技能目标	培训细目	学习单元	课程内容	培训建议	课堂学时
1. 砌砖	1–6　空心砖墙砌筑	1–6–1　能确定空心砖墙组砌形式	（1）空心砖墙的构造形式的确定 （2）空心砖墙组砌形式的确定 （3）空心砖墙适用范围	（1）空心砖墙基本构造及组砌形式	1）空心砖墙的构造	（1）方法：讲授法、讨论法 （2）重点：空心砖墙的构造和组砌形式 （3）难点：空心砖墙的适用范围	1
					2）空心砖墙的组砌形式		
					3）空心砖墙适用范围		
		1–6–2　能进行空心砖墙摆砖撂底	（1）空心砖墙摆砖 （2）空心砖墙撂底	（2）空心砖墙摆砖撂底	1）空心砖墙摆砖撂底工艺、操作要点	（1）方法：讲授法、实训法 （2）重点：空心砖墙摆砖撂底工艺、操作要点 （3）难点：空心砖墙摆砖撂底质量要求	2
					2）空心砖墙摆砖撂底的质量要求		
	1–7　筒拱砌筑	1–7–1　能进行筒拱定位放线	（1）筒拱定位放线	（1）筒拱基本形式、构造及组砌形式	1）筒拱的基本形式和构造	（1）方法：讲授法、讨论法 （2）重点：筒拱的基本形式和构造 （3）难点：筒拱的组砌形式	1
					2）筒拱的组砌形式		
		1–7–2　能支设、拆除筒拱模板	（1）筒拱的支模 （2）筒拱的砌筑 （3）筒拱的拆模	（2）砌筑筒拱	1）筒拱砌筑工艺、操作要点 ①定位放线 ②支设模板 ③组砌 ④拆除模板	（1）方法：讲授法、讨论法、实训法 （2）重点：砌筑筒拱的工艺、操作要点 （3）难点：筒拱砌筑的质量要求	2
		1–7–3　能确定筒拱组砌方式	（1）筒拱的基本形式和构造的确定 （2）筒拱组砌形式的确定		2）筒拱砌筑的质量要求		

续表

2.1.3　四级 / 中级职业技能培训要求				2.2.3　四级 / 中级职业技能培训课程规范			
职业功能模块（模块）	培训内容（课程）	技能目标	培训细目	学习单元	课程内容	培训建议	课堂学时
1．砌砖	1-8　异形砖墙砌筑	1-8-1　能现场加工异形砖	（1）异形砖墙组砌形式的确定 （2）异形砖的现场加工	（1）砌筑异形砖墙	1）异形砖种类 ①六角转 ②水磨砖 ③ A 型砖 2）异形砖墙组砌形式 3）异形砖现场加工制作方法	（1）方法：讲授法、讨论法、实训法 （2）重点：异形砖墙砌筑工艺、操作要点 （3）难点：异形砖墙砌筑的质量要求	2
		1-8-2　能定位放线	（1）异形砖定位放线				
		1-8-3　能摆砖撂底	（1）异形砖墙砌筑摆砖 （2）异形砖墙砌筑撂底		4）异形砖墙砌筑工艺、操作要点 ①定位放线 ②摆砖撂底 ③砖墙勾缝		
		1-8-4　能进行异形砖墙勾缝	（1）异形砖墙勾缝形式的确定 （2）异形砖墙的勾缝操作		5）异形砖墙砌筑的质量要求		
		1-8-5　能砌筑多角形砖墙	（1）多角形砖墙的砌筑	（2）砌筑多角形砖墙	1）多角形砖墙砌筑工艺、操作要点 2）多角形砖墙砌筑质量要求	（1）方法：讲授法、讨论法、实训法 （2）重点：多角形砖墙砌筑工艺、操作要点 （3）难点：多角形砖墙砌筑的质量要求	2
		1-8-6　能砌筑弧形砖缝	（1）弧形砖缝勾缝形式的确定 （2）弧形砖缝的勾缝操作	（3）砌筑弧形砖缝	1）弧形砖缝勾缝工艺、操作要点 2）弧形砖缝勾缝质量要求	（1）方法：讲授法、讨论法、实训法 （2）重点：弧形砖缝勾缝工艺、操作要点 （3）难点：弧形砖缝勾缝质量要求	2

续表

<table>
<tr><th colspan="4">2.1.3　四级 / 中级职业技能培训要求</th><th colspan="4">2.2.3　四级 / 中级职业技能培训课程规范</th></tr>
<tr><th>职业功能模块（模块）</th><th>培训内容（课程）</th><th>技能目标</th><th>培训细目</th><th>学习单元</th><th>课程内容</th><th>培训建议</th><th>课堂学时</th></tr>
<tr><td rowspan="8">2．砌石</td><td rowspan="8">2-1　粗料石基础砌筑</td><td rowspan="3">2-1-1　能确定粗料石基础组砌形式</td><td rowspan="3">（1）粗料石基础构造形式的确定
（2）粗料石基础组砌形式的确定</td><td rowspan="3">（1）粗料石基础基本构造及组砌形式</td><td>1）粗料石基础的材料要求</td><td rowspan="3">（1）方法：讲授法、讨论法、演示法
（2）重点：粗料石基础材料要求和构造形式
（3）难点：粗料石基础组砌形式</td><td rowspan="3">1</td></tr>
<tr><td>2）粗料石基础的构造形式</td></tr>
<tr><td>3）粗料石基础的组砌形式</td></tr>
<tr><td rowspan="3">2-1-2　能检查粗料石基础基层，抄平放线，立皮数杆</td><td rowspan="3">（1）粗料石基础基层的检查
（2）粗料石基础定位放线
（3）粗料石基础立皮数杆</td><td rowspan="3">（2）粗料石基础放样</td><td>1）检查粗料石基础基层</td><td rowspan="3">（1）方法：讲授法、讨论法、演示法
（2）重点与难点：粗料石基础抄平放线、立皮数杆</td><td rowspan="3">1</td></tr>
<tr><td>2）粗料石基础抄平放线
① 50 线和 1 米线
②基础轴线和基础边线放样弹线</td></tr>
<tr><td>3）粗料石基础立皮数杆
①按要求立好皮数杆
②检查皮数杆竖立情况（立正立直、所示标高等）</td></tr>
<tr><td>2-1-3　能进行粗料石基础摆底、盘角、挂线</td><td>（1）粗料石基础的摆底
（2）粗料石基础的盘角
（3）粗料石基础的挂线定位</td><td rowspan="2">（3）砌筑粗料石基础</td><td>1）粗料石基础砌筑工艺、操作要点
①摆底
②盘角
③挂线
④勾缝</td><td rowspan="2">（1）方法：讲授法、讨论法、实训法
（2）重点：粗料石基础砌筑工艺、操作要点
（3）难点：粗料石基础砌筑的质量要求</td><td rowspan="2">3</td></tr>
<tr><td>2-1-4　能进行粗料石基础勾缝</td><td>（1）粗料石基础勾缝形式的确定
（2）粗料石基础的勾缝操作</td><td>2）粗料石基础砌筑的质量要求</td></tr>
</table>

续表

<table>
<tr><th colspan="4">2.1.3 四级 / 中级职业技能培训要求</th><th colspan="4">2.2.3 四级 / 中级职业技能培训课程规范</th></tr>
<tr><th>职业功能模块（模块）</th><th>培训内容（课程）</th><th>技能目标</th><th>培训细目</th><th>学习单元</th><th>课程内容</th><th>培训建议</th><th>课堂学时</th></tr>
<tr><td rowspan="8">2．砌石</td><td rowspan="6">2-2 粗料石墙砌筑</td><td rowspan="2">2-2-1 能确定粗料石墙组砌形式</td><td rowspan="2">（1）粗料石墙基本形式和构造的确定
（2）粗料石墙组砌形式的确定</td><td rowspan="2">（1）粗料石墙基本形式、构造及组砌形式</td><td>1）粗料石墙基本形式和构造</td><td rowspan="2">（1）方法：讲授法、演示法、讨论法
（2）重点：粗料石墙基本形式和构造
（3）难点：粗料石墙组砌形式</td><td rowspan="2">1</td></tr>
<tr><td>2）粗料石墙组砌形式</td></tr>
<tr><td>2-2-2 能进行粗料石墙留槎</td><td>（1）粗料石墙体留槎位置的砌筑</td><td rowspan="4">（2）粗料石墙砌筑</td><td rowspan="2">1）粗料石砌体砌筑工艺、操作要点
①粗料石墙留槎
②砌筑粗料石墙转角处与交接处墙体
③预留粗料石墙洞口
④粗料石墙勾缝</td><td rowspan="4">（1）方法：讲授法、演示法、讨论法
（2）重点：粗料石砌体砌筑工艺、操作要点
（3）难点：粗料石砌体砌筑的质量要求</td><td rowspan="4">3</td></tr>
<tr><td>2-2-3 能砌筑粗料石墙转角处与交接处墙体</td><td>（1）粗料石墙转角处的砌筑
（2）粗料石墙交接处的砌筑</td></tr>
<tr><td>2-2-4 能预留粗料石墙洞口</td><td>（1）粗料石墙洞口的预留</td><td rowspan="2">2）粗料石砌体砌筑的质量要求</td></tr>
<tr><td>2-2-5 能进行粗料石墙勾缝</td><td>（1）粗料石墙勾缝形式的确定
（2）粗料石墙的勾缝操作</td></tr>
<tr><td rowspan="2">2-3 粗料石柱砌筑</td><td rowspan="2">2-3-1 能确定粗料石柱组砌形式</td><td rowspan="2">（1）粗料石柱基本形式和构造的确定
（2）粗料石柱组砌形式的确定</td><td rowspan="2">（1）粗料石柱基本形式、构造及组砌形式</td><td>1）粗料石柱基本形式与构造</td><td rowspan="2">（1）方法：讲授法、演示法、讨论法
（2）重点：粗料石柱基本形式与构造
（3）难点：粗料石柱组砌形式</td><td rowspan="2">2</td></tr>
<tr><td>2）粗料石柱组砌形式</td></tr>
</table>

续表

<table>
<tr><th colspan="4">2.1.3 四级 / 中级职业技能培训要求</th><th colspan="4">2.2.3 四级 / 中级职业技能培训课程规范</th></tr>
<tr><th>职业功能模块（模块）</th><th>培训内容（课程）</th><th>技能目标</th><th>培训细目</th><th>学习单元</th><th>课程内容</th><th>培训建议</th><th>课堂学时</th></tr>
<tr><td rowspan="8">2．砌石</td><td rowspan="2">2-3 粗料石柱砌筑</td><td rowspan="2">2-3-2 能砌筑粗料石柱</td><td rowspan="2">（1）粗料石柱的砌筑</td><td rowspan="2">（2）砌筑粗料石柱</td><td>1）粗料石柱砌筑工艺、操作要点</td><td rowspan="2">（1）方法：讲授法、演示法、实训法
（2）重点：粗料石柱砌筑工艺、操作要点
（3）难点：粗料石柱砌筑的质量要求</td><td rowspan="2">3</td></tr>
<tr><td>2）粗料石柱砌筑的质量要求</td></tr>
<tr><td rowspan="6">2-4 粗料石过梁砌筑</td><td rowspan="3">2-4-1 能砌筑平拱式粗料石过梁</td><td rowspan="3">（1）平拱式粗料石过梁形式的确定
（2）平拱式粗料石过梁的砌筑</td><td rowspan="3">（1）砌筑平拱式粗料石过梁</td><td>1）平拱式粗料石过梁基本形式与构造</td><td rowspan="3">（1）方法：讲授法、讨论法、实训法
（2）重点：平拱式粗料石过梁砌筑工艺、操作要点
（3）难点：平拱式粗料石过梁砌筑的质量要求</td><td rowspan="3">6</td></tr>
<tr><td>2）平拱式粗料石过梁砌筑工艺、操作要点</td></tr>
<tr><td>3）平拱式粗料石过梁砌筑的质量要求</td></tr>
<tr><td rowspan="3">2-4-2 能砌筑圆拱式粗料石过梁</td><td rowspan="3">（1）圆拱式粗料石过梁形式的确定
（2）圆拱式粗料石过梁的砌筑</td><td rowspan="3">（2）砌筑圆拱式粗料石过梁</td><td>1）圆拱式粗料石过梁基本形式与构造</td><td rowspan="3">（1）方法：讲授法、讨论法、案例教学法
（2）重点：圆拱式粗料石过梁基本形式与构造
（3）难点：圆拱式粗料石过梁砌筑工艺、操作要点</td><td rowspan="3">6</td></tr>
<tr><td>2）圆拱式粗料石过梁砌筑工艺、操作要点</td></tr>
<tr><td>3）圆拱式粗料石过梁砌筑的质量要求</td></tr>
<tr><td rowspan="4">3．小型砌块砌筑</td><td rowspan="4">3-1 混凝土小型砌块砌筑</td><td rowspan="4">3-1-1 能确定混凝土小型砌块墙组砌形式</td><td rowspan="4">（1）混凝土小型砌块墙基本形式和构造的确定
（2）混凝土小型砌块墙组砌形式的确定</td><td rowspan="4">（1）混凝土小型砌块墙基本知识</td><td>1）混凝土小型砌块墙的构造</td><td rowspan="4">（1）方法：讲授法、讨论法、案例教学法
（2）重点：混凝土小型砌块墙构造与组砌形式
（3）难点：混凝土小型砌块砌筑排列图</td><td rowspan="4">3</td></tr>
<tr><td>2）混凝土小型砌块墙的组砌形式</td></tr>
<tr><td>3）混凝土小型砌块砌筑排列图</td></tr>
<tr><td>4）混凝土小型砌块墙适用范围</td></tr>
</table>

续表

2.1.3 四级 / 中级职业技能培训要求				2.2.3 四级 / 中级职业技能培训课程规范			
职业功能模块（模块）	培训内容（课程）	技能目标	培训细目	学习单元	课程内容	培训建议	课堂学时
3．小型砌块砌筑	3-1 混凝土小型砌块砌筑	3-1-2 能进行混凝土小型砌块摆砖撂底	（1）混凝土小型砌块摆砖 （2）混凝土小型砌块撂底	（2）砌筑混凝土小型砌块	1）混凝土小型砌块墙砌筑工艺、操作要点 ①混凝土小型砌块墙立皮数杆 ②混凝土小型砌块墙摆砖撂底 ③混凝土小型砌块墙勾缝	（1）方法：讲授法、讨论法、案例教学法 （2）重点：混凝土小型砌块墙砌筑工艺、操作要点 （3）难点：混凝土小型砌块墙砌筑的质量要求	6
		3-1-3 能立混凝土小型砌块皮数杆	（1）混凝土小型砌块立皮数杆				
		3-1-4 能进行混凝土小型砌块勾缝	（1）混凝土小型砌块勾缝形式的确定 （2）混凝土小型砌块勾缝操作		2）混凝土小型砌块墙砌筑的质量要求		
	3-2 加气混凝土小砌块、粉煤砌块砌筑	3-2-1 能确定加气混凝土小砌块、粉煤灰砌块墙组砌形式	（1）加气混凝土小砌块墙基本形式和构造的确定 （2）粉煤灰砌块墙基本形式和构造的确定 （3）加气混凝土小砌块墙组砌形式的确定 （4）粉煤灰砌块墙组砌形式的确定	（1）加气混凝土小砌块、粉煤灰砌块基本形式、基本知识	1）加气混凝土小砌块、粉煤灰砌块的基本形式、构造及组砌形式	（1）方法：讲授法、讨论法、案例教学法 （2）重点：加气混凝土小砌块、粉煤灰砌块的构造和组砌形式 （3）难点：加气混凝土小砌块、粉煤灰砌块砌筑排列图	4
					2）加气混凝土小砌块、粉煤灰砌块砌筑排列图		
		3-2-2 能进行加气混凝土小砌块、粉煤灰砌块摆砖撂底	（1）加气混凝土小砌块摆砖 （2）粉煤灰砌块摆砖 （3）加气混凝土小砌块撂底 （4）粉煤灰砌块撂底	（2）砌筑加气混凝土小砌块、粉煤灰砌块	1）加气混凝土小砌块、粉煤灰砌块砌筑工艺、操作要点 ①加气混凝土小砌块、粉煤灰砌块立皮数杆 ②加气混凝土小砌块、粉煤灰砌块摆砖撂底	（1）方法：讲授法、讨论法、案例教学法 （2）重点：加气混凝土小砌块、粉煤灰砌块工艺、操作要点 （3）难点：加气混凝土小砌块、粉煤灰砌块砌筑的质量要求	6
		3-2-3 能立加气混凝土小砌块、粉煤灰砌块皮数杆	（1）加气混凝土小砌块墙立皮数杆 （2）粉煤灰砌块墙立皮数杆		2）加气混凝土小砌块、粉煤灰砌块砌筑的质量要求		

续表

<table>
<tr><th colspan="4">2.1.3　四级 / 中级职业技能培训要求</th><th colspan="4">2.2.3　四级 / 中级职业技能培训课程规范</th></tr>
<tr><th>职业功能模块（模块）</th><th>培训内容（课程）</th><th>技能目标</th><th>培训细目</th><th>学习单元</th><th>课程内容</th><th>培训建议</th><th>课堂学时</th></tr>
<tr><td rowspan="8">4. 配筋砌体砌筑</td><td rowspan="6">4-1　组合砖砌体砌筑</td><td rowspan="2">4-1-1　能砌筑组合砖柱、砖垛、砖墙</td><td rowspan="2">（1）组合砖砖柱的砌筑
（2）组合砖砖垛的砌筑
（3）组合砖砖墙的砌筑</td><td rowspan="2">（1）组合砖砌体构造及组砌形式</td><td>1）组合砖砌体的基本形式与构造
①柱、砖垛、砖墙
②钢筋砖过梁、圈梁
③复合夹心墙和填心墙</td><td rowspan="2">（1）方法：讲授法、讨论法、案例教学法
（2）重点：组合砖砌体的基本形式与构造
（3）难点：组合砖砌体的组砌形式</td><td rowspan="2">3</td></tr>
<tr><td>2）组合砖砌体的组砌形式</td></tr>
<tr><td>4-1-2　砌筑钢筋砖过梁</td><td>（1）钢筋砖过梁形式的确定
（2）钢筋砖过梁的砌筑</td><td rowspan="4">（2）砌筑组合砖砌体</td><td rowspan="3">1）组合砖砌体砌筑工艺、操作要点
①砌筑组合砖柱、砖垛、砖墙
②砌筑钢筋砖过梁
③砌筑钢筋砖圈梁
④砌筑复合夹心墙
⑤砌筑填心墙</td><td rowspan="4">（1）方法：讲授法、讨论法、实训法
（2）重点：组合砖砌体砌筑工艺、操作要点
（3）难点：组合砖砌体砌筑的质量要求</td><td rowspan="4">6</td></tr>
<tr><td>4-1-3　能砌筑钢筋砖圈梁</td><td>（1）钢筋砖圈梁形式的确定
（2）钢筋砖圈梁的砌筑</td></tr>
<tr><td>4-1-4　能砌筑复合夹心墙</td><td>（1）复合夹心墙的砌筑</td></tr>
<tr><td>4-1-5　能砌筑填心墙</td><td>（1）填心墙的砌筑</td><td>2）组合砖砌体砌筑的质量要求</td></tr>
<tr><td rowspan="2">4-2　网状配筋砖砌体砌筑</td><td rowspan="2">4-2-1　能砌筑网状配筋砖柱</td><td rowspan="2">（1）网状配筋砖柱的砌筑</td><td rowspan="2">（1）网状配筋砖砌体基本形式、构造及组砌形式</td><td>1）网状配筋砖砌体基本形式与构造</td><td rowspan="2">（1）方法：讲授法、讨论法、案例教学法
（2）重点：网状配筋砖砌体基本形式与构造
（3）难点：网状配筋砖砌体组砌形式</td><td rowspan="2">3</td></tr>
<tr><td>2）网状配筋砖砌体组砌形式</td></tr>
</table>

续表

2.1.3　四级 / 中级职业技能培训要求				2.2.3　四级 / 中级职业技能培训课程规范			
职业功能模块（模块）	培训内容（课程）	技能目标	培训细目	学习单元	课程内容	培训建议	课堂学时
4．配筋砌体砌筑	4-2　网状配筋砖砌体砌筑	4-2-2　能砌筑网状配筋砖墙	（1）网状配筋砖墙的砌筑	（2）砌筑网状配筋砖砌体	1）网状配筋砖砌体砌筑工艺、操作要点 ①砌筑网状配筋砖柱 ②砌筑网状配筋砖墙	（1）方法：讲授法、讨论法、实训法 （2）重点：网状配筋砖砌体砌筑工艺、操作要点 （3）难点：网状配筋砖砌体砌筑的质量要求	6
					2）网状配筋砖砌体砌筑的质量要求		
	4-3　配筋小砌块砌体砌筑	4-3-1　能砌筑配筋小砌块柱	（1）配筋小砌块柱的砌筑	（1）配筋小砌块砌体基本形式、构造及组砌形式	1）配筋小砌块砌体基本形式与构造	（1）方法：讲授法、讨论法、案例教学法 （2）重点：配筋小砌块砌体基本形式与构造 （3）难点：配筋小砌块砌体组砌形式	2
					2）配筋小砌块砌体组砌形式		
		4-3-2　能砌筑配筋小砌块墙	（1）配筋小砌块墙的砌筑	（2）砌筑配筋小砌块砌体	1）配筋小砌块砌体砌筑工艺、操作要点 ①砌筑配筋小砌块柱 ②砌筑配筋小砌块墙 ③砌筑芯柱，灌注混凝土	（1）方法：讲授法、讨论法、实训法 （2）重点：配筋小砌块砌体砌筑工艺、操作要点 （3）难点：配筋小砌块砌体砌筑的质量要求	6
		4-3-3　能正确施工芯柱，灌注混凝土	（1）芯柱、灌注混凝土的施工		2）配筋小砌块砌体砌筑的质量要求		

续表

<table>
<tr><th colspan="4">2.1.3　四级 / 中级职业技能培训要求</th><th colspan="4">2.2.3　四级 / 中级职业技能培训课程规范</th></tr>
<tr><th>职业功能模块（模块）</th><th>培训内容（课程）</th><th>技能目标</th><th>培训细目</th><th>学习单元</th><th>课程内容</th><th>培训建议</th><th>课堂学时</th></tr>
<tr><td rowspan="8">5．屋面瓦铺挂</td><td rowspan="4">5-1　平瓦屋面铺筑</td><td rowspan="2">5-1-1　能铺檐口平瓦、脊瓦平瓦</td><td rowspan="2">（1）檐口平瓦的铺筑
（2）脊瓦平瓦的铺筑</td><td rowspan="2">（1）平瓦屋面细部构造及适用范围</td><td>1）平瓦屋面细部构造</td><td rowspan="2">（1）方法：讲授法、讨论法、案例教学法
（2）重点：平瓦屋面细部构造
（3）难点：平瓦屋面适用范围</td><td rowspan="2">3</td></tr>
<tr><td>2）平瓦屋面适用范围</td></tr>
<tr><td rowspan="2">5-1-2　能做平瓦屋面天沟、斜脊与泛水</td><td rowspan="2">（1）平瓦屋面天沟的铺筑
（2）平瓦屋面斜脊的铺筑
（3）平瓦屋面泛水的铺筑</td><td rowspan="2">（2）铺筑平瓦屋面细部构造</td><td>1）平瓦屋面细部构造铺筑工艺、操作要点
①铺檐口平瓦
②铺脊瓦平瓦
③做平瓦屋面天沟
④做斜脊与泛水</td><td rowspan="2">（1）方法：讲授法、讨论法、实训法
（2）重点：平瓦屋面细部构造铺筑工艺、操作要点
（3）难点：平瓦屋面细部构造铺筑的质量要求</td><td rowspan="2">6</td></tr>
<tr><td>2）平瓦屋面细部构造铺筑的质量要求</td></tr>
<tr><td rowspan="4">5-2　小青瓦屋面铺筑</td><td rowspan="2">5-2-1　能铺檐口小青瓦、脊瓦小青瓦</td><td rowspan="2">（1）檐口小青瓦的铺筑
（2）脊瓦小青瓦的铺筑</td><td rowspan="2">（1）小青瓦屋面细部构造及适用范围</td><td>1）小青瓦屋面细部构造</td><td rowspan="2">（1）方法：讲授法、讨论法、案例教学法
（2）重点：小青瓦屋面细部构造
（3）难点：小青瓦屋面适用范围</td><td rowspan="2">3</td></tr>
<tr><td>2）小青瓦屋面适用范围</td></tr>
<tr><td rowspan="2">5-2-2　能做小青瓦屋面天沟、斜脊与泛水</td><td rowspan="2">（1）小青瓦屋面天沟的铺筑
（2）小青瓦屋面斜脊的铺筑
（3）小青瓦屋面泛水的铺筑</td><td rowspan="2">（2）铺筑小青瓦屋面细部构造</td><td>1）小青瓦屋面细部构造铺筑工艺、操作要点
①铺檐口小青瓦
②铺脊瓦小青瓦
③做小青瓦屋面天沟
④做斜脊与泛水</td><td rowspan="2">（1）方法：讲授法、讨论法、实训法
（2）重点：小青瓦屋面细部构造铺筑工艺、操作要点
（3）难点：小青瓦屋面细部构造铺筑的质量要求</td><td rowspan="2">6</td></tr>
<tr><td>2）小青瓦屋面细部构造铺筑的质量要求</td></tr>
</table>

续表

2.1.3 四级 / 中级职业技能培训要求				2.2.3 四级 / 中级职业技能培训课程规范			
职业功能模块（模块）	培训内容（课程）	技能目标	培训细目	学习单元	课程内容	培训建议	课堂学时
5. 屋面瓦铺挂	5-3 筒瓦屋面铺筑	5-3-1 能选筒瓦、摆筒瓦	（1）筒瓦样式的确定 （2）筒瓦屋面摆瓦	（1）筒瓦屋面细部构造、适用范围及摆筒瓦	1）筒瓦及筒瓦屋面细部构造	（1）方法：讲授法、案例教学法 （2）重点与难点：筒瓦屋面细部构造，摆筒瓦	2
					2）筒瓦屋面适用范围		
					3）摆筒瓦的方法		
		5-3-2 能铺底筒瓦、盖筒瓦、滴水筒瓦及勾头筒瓦	（1）筒瓦屋面底筒瓦的铺筑 （2）筒瓦屋面盖筒瓦的铺筑 （3）筒瓦屋面滴水筒瓦的铺筑 （4）筒瓦屋面勾头筒瓦的铺筑	（2）铺筑筒瓦屋面细部构造	1）筒瓦屋面铺筑工艺、操作要点 ①铺底筒瓦、盖筒瓦、滴水筒瓦及勾头筒瓦 ②分垄、筑脊的铺筑 ③做筒瓦屋面天沟 ④做斜脊与泛水	（1）方法：讲授法、讨论法、实训法 （2）重点：筒瓦屋面铺筑工艺、操作要点 （3）难点：筒瓦屋面铺筑的质量要求	6
		5-3-3 能分垄、筑脊	（1）筒瓦屋面分垄和筑脊的铺筑				
		5-3-4 能做筒瓦屋面天沟、斜脊与泛水	（1）筒瓦屋面天沟的铺筑 （2）筒瓦屋面斜脊的铺筑 （3）筒瓦屋面泛水的铺筑		2）筒瓦屋面铺筑的质量要求		
课堂学时合计							130

附录 4　三级 / 高级职业技能培训要求与课程规范对照表

<table>
<tr><th colspan="4">2.1.4　三级 / 高级职业技能培训要求</th><th colspan="4">2.2.4　三级 / 高级职业技能培训课程规范</th></tr>
<tr><th>职业功能模块（模块）</th><th>培训内容（课程）</th><th>技能目标</th><th>培训细目</th><th>学习单元</th><th>课程内容</th><th>培训建议</th><th>课堂学时</th></tr>
<tr><td rowspan="16">1. 砌砖</td><td rowspan="16">1-1　砖墙砌筑</td><td rowspan="4">1-1-1　能进行构造柱边的处理</td><td rowspan="4">（1）构造柱的抗震处理
（2）构造柱的配筋处理
（3）构造柱的砌筑</td><td rowspan="4">（1）构造柱边的处理</td><td>1）抗震的要求</td><td rowspan="4">（1）方法：讲授法、实训法
（2）重点与难点：构造柱的砌筑操作要点及质量要求</td><td rowspan="4">4</td></tr>
<tr><td>2）构造柱配筋要求</td></tr>
<tr><td>3）构造柱的砌筑工艺、操作要点</td></tr>
<tr><td>4）构造柱的质量要求</td></tr>
<tr><td rowspan="5">1-1-2　能进行梁底和板底砖的处理</td><td rowspan="5">（1）梁底砖的处理
（2）板底砖的处理</td><td rowspan="5">（2）梁底和板底砖的处理</td><td>1）梁底和板底砖的处理工艺</td><td rowspan="5">（1）方法：讲授法
（2）重点与难点：梁底和板底砖的处理工艺及质量要求</td><td rowspan="5">4</td></tr>
<tr><td>2）梁底和板底砖的处理的质量要求</td></tr>
<tr><td>3）楼层外墙的砌筑工艺、操作要点</td></tr>
<tr><td>4）楼层砌筑的施工影响因素</td></tr>
<tr><td>5）楼层砌筑的安全问题</td></tr>
<tr><td rowspan="4">1-1-3　能砌筑封山</td><td rowspan="4">（1）平封山的砌筑
（2）高封山的砌筑</td><td rowspan="4">（3）封山的砌筑</td><td>1）封山的形式</td><td rowspan="4">（1）方法：讲授法、实训法
（2）重点与难点：平封山、高封山的砌筑工艺、操作要点及质量要求</td><td rowspan="4">4</td></tr>
<tr><td>2）平封山的砌筑工艺、操作要点</td></tr>
<tr><td>3）高封山的砌筑工艺、操作要点</td></tr>
<tr><td>4）封山的质量要求</td></tr>
<tr><td rowspan="3">1-1-4　能砌筑出檐</td><td rowspan="3">（1）封檐的砌筑
（2）拔檐的砌筑</td><td rowspan="3">（4）出檐的砌筑</td><td>1）封檐的砌筑工艺、操作要点</td><td rowspan="3">（1）方法：讲授法、实训法
（2）重点与难点：出檐砌筑工艺、操作要点及质量要求</td><td rowspan="3">4</td></tr>
<tr><td>2）拔檐的砌筑工艺、操作要点</td></tr>
<tr><td>3）出檐的质量要求</td></tr>
</table>

续表

<table>
<tr><th colspan="4">2.1.4 三级 / 高级职业技能培训要求</th><th colspan="4">2.2.4 三级 / 高级职业技能培训课程规范</th></tr>
<tr><th>职业功能模块（模块）</th><th>培训内容（课程）</th><th>技能目标</th><th>培训细目</th><th>学习单元</th><th>课程内容</th><th>培训建议</th><th>课堂学时</th></tr>
<tr><td rowspan="18">1. 砌砖</td><td rowspan="18">1-2 清水墙砌筑</td><td rowspan="5">1-2-1 能进行清水墙的摆砖撂底</td><td rowspan="5">（1）清水墙的组砌形式和构造
（2）清水墙的摆砖
（3）清水清的撂底</td><td rowspan="2">（1）清水墙一般知识</td><td>1）清水墙材料与性能要求</td><td rowspan="2">（1）方法：讲授法
（2）重点与难点：清水墙性能要求</td><td rowspan="2">1</td></tr>
<tr><td>2）清水墙组砌形式与构造</td></tr>
<tr><td rowspan="3">（2）清水墙的摆砖撂底</td><td>1）清水墙的摆砖</td><td rowspan="3">（1）方法：讲授法、实训法
（2）重点与难点：清水墙的摆砖撂底</td><td rowspan="3">3</td></tr>
<tr><td>2）清水墙的撂底</td></tr>
<tr><td>3）清水墙质量要求</td></tr>
<tr><td rowspan="5">1-2-2 能进行清水墙的盘角挂线</td><td rowspan="5">（1）清水墙的盘角
（2）清水墙水平灰缝的控制
（3）清水墙的挂线</td><td rowspan="5">（3）清水墙的盘角挂线</td><td>1）盘角的工艺、操作要点</td><td rowspan="5">（1）方法：讲授法、实训法
（2）重点与难点：盘角的工艺及质量要求</td><td rowspan="5">4</td></tr>
<tr><td>2）水平灰缝的控制</td></tr>
<tr><td>3）盘角的质量要求</td></tr>
<tr><td>4）挂线的方法</td></tr>
<tr><td>5）墙面平整的控制方法</td></tr>
<tr><td rowspan="7">1-2-3 能进行清水墙墙角、腰线、花棚、栏杆、墙垛、门窗垛的砌筑</td><td rowspan="7">（1）清水墙的砌筑
（2）清水墙墙角的砌筑
（3）清水墙腰线的砌筑
（4）清水墙花棚的砌筑
（5）清水墙栏杆的砌筑
（6）清水墙墙跺、门窗垛的砌筑</td><td rowspan="7">（4）清水墙的砌筑</td><td>1）清水墙砌筑工艺、操作要点</td><td rowspan="7">（1）方法：讲授法、实训法
（2）重点与难点：各类清水墙构造的工艺、操作要点及质量要求</td><td rowspan="7">4</td></tr>
<tr><td>2）清水墙墙角的砌筑工艺、操作要点</td></tr>
<tr><td>3）清水墙腰线的砌筑工艺、操作要点</td></tr>
<tr><td>4）清水墙花棚的砌筑工艺、操作要点</td></tr>
<tr><td>5）清水墙栏杆的砌筑工艺、操作要点</td></tr>
<tr><td>6）清水墙跺、门窗垛的砌筑工艺、操作要点</td></tr>
<tr><td>7）清水墙砌筑的质量要求</td></tr>
</table>

续表

<table>
<tr><th colspan="4">2.1.4　三级 / 高级职业技能培训要求</th><th colspan="4">2.2.4　三级 / 高级职业技能培训课程规范</th></tr>
<tr><th>职业功能模块（模块）</th><th>培训内容（课程）</th><th>技能目标</th><th>培训细目</th><th>学习单元</th><th>课程内容</th><th>培训建议</th><th>课堂学时</th></tr>
<tr><td rowspan="15">1. 砌砖</td><td rowspan="6">1-2　清水墙砌筑</td><td rowspan="6">1-2-4　能进行清水墙勾缝</td><td rowspan="6">（1）平缝的勾缝
（2）凹缝的勾缝
（3）斜缝的勾缝
（4）凸缝的勾缝</td><td rowspan="6">（5）清水墙的勾缝</td><td>1）清水墙勾缝的形式及要求</td><td rowspan="6">（1）方法：讲授法、实训法
（2）重点与难点：各类形式勾缝的工艺、操作要点及质量要求</td><td rowspan="6">4</td></tr>
<tr><td>2）平缝的工艺、操作要点</td></tr>
<tr><td>3）凹缝的工艺、操作要点</td></tr>
<tr><td>4）斜缝的工艺、操作要点</td></tr>
<tr><td>5）凸缝的工艺、操作要点</td></tr>
<tr><td>6）各类形式勾缝的质量要求</td></tr>
<tr><td rowspan="9">1-3　筒拱砌筑</td><td rowspan="3">1-3-1　能砌筑单曲筒拱</td><td rowspan="3">（1）单曲筒拱组砌形式的确定
（2）单曲筒拱的砌筑</td><td rowspan="3">（1）单曲筒拱的砌筑</td><td>1）单曲筒拱的组砌形式</td><td rowspan="3">（1）方法：讲授法、实训法
（2）重点与难点：单曲筒拱砌筑工艺、操作要点及质量要求</td><td rowspan="3">2</td></tr>
<tr><td>2）单曲筒拱的砌筑工艺、操作要点</td></tr>
<tr><td>3）单曲筒拱的质量要求</td></tr>
<tr><td rowspan="3">1-3-2　能砌筑双曲筒拱</td><td rowspan="3">（1）双曲筒拱组砌形式的确定
（2）双曲筒拱的砌筑</td><td rowspan="3">（2）双曲筒拱的砌筑</td><td>1）双曲筒拱的组砌形式</td><td rowspan="3">（1）方法：讲授法、实训法
（2）重点与难点：双曲筒拱砌筑工艺、操作要点及质量要求</td><td rowspan="3">2</td></tr>
<tr><td>2）双曲筒拱的砌筑工艺、操作要点</td></tr>
<tr><td>3）双曲筒拱的质量要求</td></tr>
<tr><td rowspan="3">1-3-3　能进行窗台、窗间墙的砌筑</td><td rowspan="3">（1）窗台的砌筑
（2）窗间墙的砌筑</td><td rowspan="3">（3）窗台和窗间墙的砌筑</td><td>1）窗台砌筑工艺、操作要点</td><td rowspan="3">（1）方法：讲授法、实训法
（2）重点与难点：窗台、窗间墙的砌筑工艺及质量要求</td><td rowspan="3">2</td></tr>
<tr><td>2）窗间墙砌筑工艺、操作要点</td></tr>
<tr><td>3）窗台、窗间墙的质量要求</td></tr>
</table>

续表

<table>
<tr><th colspan="4">2.1.4　三级 / 高级职业技能培训要求</th><th colspan="4">2.2.4　三级 / 高级职业技能培训课程规范</th></tr>
<tr><th>职业功能模块（模块）</th><th>培训内容（课程）</th><th>技能目标</th><th>培训细目</th><th>学习单元</th><th>课程内容</th><th>培训建议</th><th>课堂学时</th></tr>
<tr><td rowspan="12">1. 砌砖</td><td rowspan="12">1-4　花饰墙砌筑</td><td rowspan="3">1-4-1　能进行花饰墙的材料选择、放样、编排图案、搭砌顺序</td><td rowspan="3">（1）花饰墙材料的选择
（2）花饰墙的放样
（3）花饰墙组编排图案、搭砌顺序的确定</td><td rowspan="3">（1）花饰墙砌筑的准备工作</td><td>1）花饰墙砌筑材料的选择</td><td rowspan="3">（1）方法：讲授法
（2）重点与难点：花饰墙的材料与性能要求，图案编排及放样</td><td rowspan="3">2</td></tr>
<tr><td>2）花饰墙施工放样</td></tr>
<tr><td>3）编排花饰墙图案并确定搭砌顺序</td></tr>
<tr><td rowspan="4">1-4-2　能进行各种形式花饰墙的组砌、偏差调整</td><td rowspan="4">（1）花饰墙的组砌
（2）花饰墙的偏差调整</td><td rowspan="4">（2）花饰墙的组砌与偏差调整</td><td>1）花饰墙的组砌形式</td><td rowspan="4">（1）方法：讲授法、实训法
（2）重点：花饰墙组砌形式与构造
（3）难点：砌筑工艺、操作要点及质量要求</td><td rowspan="4">2</td></tr>
<tr><td>2）花饰墙的组砌方法</td></tr>
<tr><td>3）检查修正花饰墙体偏差</td></tr>
<tr><td>4）花饰墙的质量要求</td></tr>
<tr><td rowspan="5">1-4-3　能进行花饰墙的勾缝</td><td rowspan="5">（1）花饰墙平缝的勾缝
（2）花饰墙凹缝的勾缝
（3）花饰墙斜缝的勾缝
（4）花饰墙凸缝的勾缝</td><td rowspan="5">（3）花饰墙的勾缝</td><td>1）花饰墙平缝的工艺、操作要点</td><td rowspan="5">（1）方法：讲授法、实训法
（2）重点与难点：各类形式勾缝的工艺、操作要点及质量要求</td><td rowspan="5">2</td></tr>
<tr><td>2）花饰墙凹缝的工艺、操作要点</td></tr>
<tr><td>3）花饰墙斜缝的工艺、操作要点</td></tr>
<tr><td>4）花饰墙凸缝的工艺、操作要点</td></tr>
<tr><td>5）各类形式花饰墙勾缝的质量要点</td></tr>
</table>

续表

2.1.4 三级／高级职业技能培训要求			
职业功能模块（模块）	培训内容（课程）	技能目标	培训细目
2．砌石	2-1 细料石柱砌筑	2-1-1 能确定细料石柱的组砌方式	（1）细料石柱基本形式与构造 （2）细料石柱组砌形式
		2-1-2 能砌筑细料石柱	（1）细料石柱的砌筑
	2-2 细料石墙砌筑	2-2-1 能选择细料石墙材料、确定组砌方法	（1）细料石墙选材 （2）细料石墙砌体基本形式与构造
		2-2-2 能进行细料石墙的排砖撂底	（1）细料石墙的排砖 （2）细料石墙的撂底
		2-2-3 能进行细料石墙的砌筑、留槎	（1）细料石墙的砌筑 （2）细料石墙的留槎
		2-2-4 能进行细料石墙的勾缝	（1）细料石墙的勾缝
3．炉灶砌筑	3-1 炉灶基础砌筑	3-1-1 能选用炉灶耐火砖材料	（1）炉灶耐火砖材料的选用
		3-1-2 能进行炉灶基础定位放线	（1）炉灶基础的定位放线
		3-1-3 能确定炉灶基础的组砌形式	（1）炉灶基础组砌形式的确定

2.2.4 三级／高级职业技能培训课程规范			
学习单元	课程内容	培训建议	课堂学时
（1）细料石柱的砌筑	1）细料石的选材	（1）方法：讲授法、实训法 （2）重点与难点：细料石柱的组砌形式和操作要点	1
	2）细料石柱基本形式与构造		
	3）细料石柱组砌形式		
	4）细料石柱砌筑工艺、操作要点		
	5）细料石柱质量要求		
（1）细料石墙的砌筑	1）细料石墙的基本形式与构造	（1）方法：讲授法 （2）重点与难点：细料石墙的砌筑工艺、操作要点	1
	2）细料石墙的砌筑工艺、操作要点		
	3）细料石墙的质量要求		
（1）炉灶基础砌筑准备工作	1）炉灶耐火砖的选材	（1）方法：讲授法 （2）重点：炉灶耐火砖材料 （3）难点：炉灶基础组砌形式	1
	2）炉灶基础定位放线		
	3）炉灶基础的组砌形式		
	4）各类炉灶的形式		

续表

<table>
<tr><th colspan="4">2.1.4　三级 / 高级职业技能培训要求</th><th colspan="4">2.2.4　三级 / 高级职业技能培训课程规范</th></tr>
<tr><th>职业功能模块（模块）</th><th>培训内容（课程）</th><th>技能目标</th><th>培训细目</th><th>学习单元</th><th>课程内容</th><th>培训建议</th><th>课堂学时</th></tr>
<tr><td rowspan="10">3．炉灶砌筑</td><td rowspan="3">3-1　炉灶基础砌筑</td><td rowspan="3">3-1-4　能进行炉灶基础的砌筑</td><td rowspan="3">（1）炉灶基础的砌筑
（2）炉灶基础的收退</td><td rowspan="3">（2）炉灶基础的砌筑</td><td>1）炉灶基础的砌筑工艺、操作要点</td><td rowspan="3">（1）方法：讲授法、实训法
（2）重点与难点：炉灶基础砌筑的工艺、操作要点及质量要求</td><td rowspan="3">1</td></tr>
<tr><td>2）炉灶基础的收退</td></tr>
<tr><td>3）炉灶基础砌筑质量要求</td></tr>
<tr><td rowspan="7">3-2　炉灶墙身砌筑</td><td rowspan="3">3-2-1　能进行炉灶墙身的砌筑</td><td rowspan="3">（1）炉灶墙身构造
（2）炉灶墙身组砌形式的确定
（3）炉灶墙身的砌筑</td><td rowspan="3">（1）炉灶墙的砌筑</td><td>1）炉灶墙身的构造及组砌形式</td><td rowspan="3">（1）方法：讲授法
（2）重点与难点：炉灶墙身的砌筑工艺、操作要点</td><td rowspan="3">1</td></tr>
<tr><td>2）炉灶墙的砌筑工艺、操作要点</td></tr>
<tr><td>3）炉灶墙身的质量要求</td></tr>
<tr><td>3-2-2　能进行炉灶墙附件预埋</td><td>（1）炉灶墙附件的预埋</td><td rowspan="4">（2）炉灶墙特殊部位的处理</td><td>1）炉灶墙附件预埋的方法</td><td rowspan="4">（1）方法：讲授法、实训法
（2）重点与难点：炉灶墙特殊部位的处理</td><td rowspan="4">1</td></tr>
<tr><td>3-2-3　能进行炉灶墙洞口与膨胀缝的预留</td><td>（1）炉灶墙洞口与膨胀缝的预留</td><td>2）炉灶墙洞口与膨胀缝预留的方法</td></tr>
<tr><td>3-2-4　能进行炉灶墙保温材料的填充</td><td>（1）炉灶墙洞口保温材料的填充</td><td>3）炉灶墙保温材料的填充</td></tr>
<tr><td>3-2-5　能进行炉灶墙身接缝的密封</td><td>（1）炉灶墙接缝的密封</td><td>4）管道与炉灶墙接缝密封的方法</td></tr>
</table>

续表

2.1.4 三级 / 高级职业技能培训要求				2.2.4 三级 / 高级职业技能培训课程规范			
职业功能模块（模块）	培训内容（课程）	技能目标	培训细目	学习单元	课程内容	培训建议	课堂学时
4．班组管理	4-1 生产计划	4-1-1 能编制砌筑班组周（旬）生产计划	（1）班组砌筑施工劳动力计划的编制 （2）班组砌筑施工材料计划的编制 （3）班组砌筑施工设备管理计划的编制 （4）班组砌筑施工进度管理计划的编制 （5）班组砌筑施工现场管理计划的编制	（1）砌筑班组周（旬）生产计划的编制与实施	1）班组砌筑施工劳动力计划的编制与实施 ①各施工阶段劳动力数量的计算 ②编制各施工阶段劳动力配制计划 2）班组砌筑施工材料计划的编制与实施 ①编制主要工程材料配制计划 ②编制施工主要周转材料配制计划	（1）方法：讲授法 （2）重点与难点：班组计划的编制和各类施工要素的管理	1
		4-1-2 能实施砌筑班组周（旬）生产计划	（1）班组砌筑施工劳动力计划的实施 （2）班组砌筑施工材料计划的实施 （3）班组砌筑施工设备管理计划的实施 （4）班组砌筑施工进度管理计划的实施 （5）班组砌筑施工现场管理计划的实施		3）班组砌筑施工设备计划的编制与实施 ①施工机械设备选用的原则 ②各施工阶段施工机械台班数量的计算 ③编制施工主要设备的配制计划 ④编制施工机具的配制计划 4）班组砌筑施工进度计划的编制与实施 ①施工进度计划编制的依据 ②施工进度计划的编制程序 ③施工进度计划的编制 ④施工进度计划的检查与调整 5）班组砌筑施工现场计划的编制与实施 ①施工现场平面图的布置 ②施工现场机械设备的管理 ③施工现场材料的管理		

续表

2.1.4 三级 / 高级职业技能培训要求				2.2.4 三级 / 高级职业技能培训课程规范			
职业功能模块（模块）	培训内容（课程）	技能目标	培训细目	学习单元	课程内容	培训建议	课堂学时
4．班组管理	4-2 开展技术活动	4-2-1 能进行班组砌筑施工技术交底	（1）班组砌筑施工技术交底	（1）班组砌筑施工技术交底	1）班组砌筑施工技术交底的流程 ①施工员进行技术交底 ②班组内部技术交底 2）班组砌筑施工技术交底的内容 ①技术要求 ②技术措施 ③施工质量要求 ④施工安全注意事项	（1）方法：讲授法 （2）重点与难点：班组砌筑施工技术交底	1
		4-2-2 能填写、收集班组施工记录	（1）班组施工部位的填写 （2）班组施工工作内容的填写 （3）班组施工安全生产活动内容的填写 （4）班组施工记录的收集	（2）班组施工记录的填写和收集	1）班组施工部位的填写 2）班组施工工作内容的填写 3）班组施工安全生产活动内容的填写 4）班组施工记录的收集	（1）方法：讲授法 （2）重点与难点：班组施工记录的填写和收集	1
	4-3 质量管理	4-3-1 能进砌体结构的质量管理	（1）砌体结构设计规范 （2）砌体结构工程施工规范 （3）砌体结构工程施工质量验收规范	（1）砌体结构的质量管理	1）砌体结构设计规范 ①砌体结构一般构造要求 ②圈梁、墙梁、连梁及挑梁的构造设置要求 ③配筋砖砌体的构造要求 ④配筋砌块砌体构造规定	（1）方法：讲授法 （2）重点与难点：砌体结构工程施工规范和施工质量验收规范	1

续表

<table>
<tr><th colspan="4">2.1.4　三级 / 高级职业技能培训要求</th><th colspan="4">2.2.4　三级 / 高级职业技能培训课程规范</th></tr>
<tr><th>职业功能模块（模块）</th><th>培训内容（课程）</th><th>技能目标</th><th>培训细目</th><th>学习单元</th><th>课程内容</th><th>培训建议</th><th>课堂学时</th></tr>
<tr><td rowspan="9">4．班组管理</td><td rowspan="9">4–3　质量管理</td><td rowspan="2">4–3–1　能进砌体结构的质量管理</td><td rowspan="2">（1）砌体结构设计规范
（2）砌体结构工程施工规范
（3）砌体结构工程施工质量验收规范</td><td rowspan="2">（1）砌体结构的质量管理</td><td>2）砌体结构工程施工规范
①原材料的要求
②砌筑砂浆的施工要求
③各类砌体的施工要求
④冬期与雨期施工要求
⑤安全与环保施工要求</td><td rowspan="2">（1）方法：讲授法
（2）重点与难点：砌体结构工程施工规范和施工质量验收规范</td><td rowspan="2">1</td></tr>
<tr><td>3）砌体结构工程施工质量验收规范
①砌筑砂浆的验收要求
②各类砌体工程的施工质量验收要求
③冬期质量验收要求</td></tr>
<tr><td rowspan="3">4–3–2　能制定成品保护措施</td><td rowspan="3">（1）砌筑成品保护措施的制定</td><td rowspan="3">（2）砌筑成品保护措施的制定</td><td>1）砌筑成品保护措施的一般规定</td><td rowspan="3">（1）方法：讲授法
（2）重点与难点：砌筑成品保护措施的一般规定</td><td rowspan="3">1</td></tr>
<tr><td>2）恶劣天气条件下砌筑成品保护措施的制定</td></tr>
<tr><td>3）临时搭设的支撑、模板的拆除要求</td></tr>
<tr><td rowspan="4">4–3–3　能开展班组自检和互检工作</td><td rowspan="4">（1）班组内自检
（2）班组内互检</td><td rowspan="4">（3）班组内自检和互检</td><td>1）尺寸的自检与互检</td><td rowspan="4">（1）方法：讲授法
（2）重点与难点：班组内自检与互检的工作内容</td><td rowspan="4">1</td></tr>
<tr><td>2）垂直度的自检与互检</td></tr>
<tr><td>3）平整度的自检与互检</td></tr>
<tr><td>4）灰缝平直度的自检与互检</td></tr>
</table>

续表

2.1.4 三级 / 高级职业技能培训要求				2.2.4 三级 / 高级职业技能培训课程规范			
职业功能模块（模块）	培训内容（课程）	技能目标	培训细目	学习单元	课程内容	培训建议	课堂学时
4．班组管理	4-3 质量管理	4-3-4 能进行缺陷修复	（1）砌筑质量缺陷的成因分析 （2）砌筑质量缺陷的修复	（4）砌筑质量缺陷的修复	1）砌筑质量缺陷的成因 ①常见问题的成因 ②成因分析方法 2）质量缺陷的处理 ①处理方式 ②处理程序 3）砌筑质量缺陷修复的实施 ①制定修复方案 ② 修复的质量控制指标和验收标准	（1）方法：讲授法 （2）重点与难点：砌筑质量缺陷修复的实施	1
	4-4 安全施工	4-4-1 能进行班组砌筑施工安全技术交底	（1）安全技术交底及其作用 （2）安全技术交底的基本要求 （3）安全技术交底的主要内容 （4）安全技术交底的实施 （5）安全技术交底的记录	（1）砌筑施工安全技术交底	1）安全技术交底及其作用 2）安全技术交底的基本要求 3）安全技术交底的主要内容 ①安全操作规程和标准 ②安全注意事项 ③个人防护措施 ④应急预案 4）安全技术交底的实施 5）安全技术交底的记录	（1）方法：讲授法 （2）重点与难点：砌筑施工安全技术交底的实施	1

续表

2.1.4 三级 / 高级职业技能培训要求				2.2.4 三级 / 高级职业技能培训课程规范			
职业功能模块（模块）	培训内容（课程）	技能目标	培训细目	学习单元	课程内容	培训建议	课堂学时
4．班组管理	4-4 安全施工	4-4-2 能进行班组砌筑安全检查与验收	（1）砌筑施工安全检查 （2）砌筑施工安全验收	（2）砌筑施工安全检查与验收	1）砌筑施工安全检查 ①安全检查的目的和意义 ②安全检查的形式 ③安全检查的内容 ④安全检查的方法 ⑤安全检查评分标准 2）砌筑施工安全验收 ①安全验收人员的确定 ②安全验收的范围 ③安全验收的程序	（1）方法：讲授法 （2）重点与难点：班组砌筑安全检查与验收	1
	4-5 工料与经济核算	4-5-1 能记录整理班组施工用料台账	（1）班组施工用料台账的记录	（1）班组施工用料台账的记录	1）班组施工用料台账的种类 2）班组施工用料台账的作用 3）班组施工用料台账的填写要求	（1）方法：讲授法 （2）重点与难点：班组施工用料台账的填写要求	1
		4-5-2 能制定班组用工和考勤制度	（1）班组用工制度的制定 （2）班组考勤制度的制定	（2）班组用工和考勤制度的制定	1）班组用工制度的制定 ①长期用工的管理 ②临时用工的管理 2）班组考勤制度的制定 ①工作时间的规定 ②加班的规定 ③假期的规定	（1）方法：讲授法 （2）重点与难点：班组考勤制度的制定	1
		4-5-3 能进行班组成本核算	（1）班组成本核算	（3）班组成本核算	1）成本核算的内容 2）成本核算的对象 3）成本核算的任务和要求 4）成本核算的程序	（1）方法：讲授法 （2）重点与难点：班组成本核算	

续表

<table>
<tr><td colspan="4">2.1.4　三级 / 高级职业技能培训要求</td><td colspan="4">2.2.4　三级 / 高级职业技能培训课程规范</td></tr>
<tr><td>职业功能模块（模块）</td><td>培训内容（课程）</td><td>技能目标</td><td>培训细目</td><td>学习单元</td><td>课程内容</td><td>培训建议</td><td>课堂学时</td></tr>
<tr><td rowspan="13">5．教育培训</td><td rowspan="7">5-1　技能培训</td><td rowspan="2">5-1-1　能传授砌筑操作技术</td><td rowspan="2">（1）指导砌砖技术
（2）指导砌石技术
（3）指导炉灶砌筑</td><td rowspan="4">（1）实操指导</td><td>1）指导五级 / 初级、四级 / 中级工学习砌筑施工工艺标准</td><td rowspan="4">（1）方法：讲授法
（2）重点与难点：指导五级 / 初级、四级 / 中级工学习砌筑施工工艺标准和施工工法</td><td rowspan="4">2</td></tr>
<tr><td>2）指导五级 / 初级、四级 / 中级工学习砌筑施工工法</td></tr>
<tr><td>5-1-2　能传授砌筑工具、设备的使用方法</td><td>（1）指导砌筑工具的使用方法
（2）指导砌筑设备的使用方法</td><td>3）指导五级 / 初级、四级 / 中级工学习工具、设备使用方法</td></tr>
<tr><td>5-1-3　能对初、中级工进行技能培训</td><td>（1）五级 / 初级、四级 / 中级工技能培训</td><td>4）技能培训实例</td></tr>
<tr><td rowspan="3">5-1-4　能编制砌筑工技能培训计划</td><td rowspan="3">（1）五级 / 初级、四级 / 中级工培训计划的编制</td><td rowspan="3">（2）编制技能培训计划</td><td>1）编制技能培训计划的意义</td><td rowspan="3">（1）方法：讲授法
（2）重点与难点：编制五级 / 初级、四级 / 中级工技能培训计划</td><td rowspan="3">2</td></tr>
<tr><td>2）技能培训计划的编制方法</td></tr>
<tr><td>3）技能培训计划编制案例</td></tr>
<tr><td rowspan="6">5-2　理论培训</td><td>5-2-1　能讲解砌筑技术</td><td>（1）讲解砌砖技术
（2）讲解砌石技术
（3）讲解炉灶砌筑技术</td><td rowspan="3">（1）理论培训</td><td>1）指导五级 / 初级、四级 / 中级工学习砌筑技术</td><td rowspan="3">（1）方法.讲授法
（2）重点与难点：指导五级 / 初级、四级 / 中级工学习并掌握砌筑技术和工具、设备使用性能</td><td rowspan="3">2</td></tr>
<tr><td>5-2-2　能讲解砌筑工具和设备使用性能</td><td>（1）讲解砌筑工具使用方法和性能
（2）讲解砌筑设备使用方法和性能</td><td>2）指导五级 / 初级、四级 / 中级工学习砌筑工具和设备使用方法和性能</td></tr>
<tr><td>5-2-3　能对初、中级工进行理论培训</td><td>（1）五级 / 初级、四级 / 中级工理论培训</td><td>3）理论培训实例</td></tr>
<tr><td rowspan="3">5-2-4　能编制砌筑工理论培训计划</td><td rowspan="3">（1）五级 / 初级、四级 / 中级工理论培训计划的编制</td><td rowspan="3">（2）编制理论培训计划</td><td>1）编制理论培训计划的意义</td><td rowspan="3">（1）方法：讲授法
（2）重点与难点：理论培训计划的编制</td><td rowspan="3">2</td></tr>
<tr><td>2）编制理论培训计划的方法</td></tr>
<tr><td>3）理论培训计划编制案例</td></tr>
<tr><td colspan="7">课堂学时合计</td><td>70</td></tr>
</table>